Blumen der Alpen

Hoppe

Über 500 Arten
und 500 Farbfotos

KOSMOS

Inhalt

Vor allem an nährstoffreichen Stellen, wo das Vieh lagert, entstehen Hochstaudenfluren, die meist im Sommer blühen (hier: Blauer Eisenhut, Alpen-Greiskraut).

Die Alpen sind so reich an farbenprächtigen Blumen wie kaum eine andere Landschaft Europas. Das ist in Anbetracht der extremen klimatischen Bedingungen besonders faszinierend. Vor allem oberhalb der Waldgrenze müssen sich Pflanzen etwas einfallen lassen, um die wenigen in dieser Höhe lebenden Insekten zur Bestäubung anzulocken. Daher sorgen die Alpenblumen während des kurzen Frühlings und Sommers für eine einzigartige, bunte Vielfalt.
In diesem Buch finden Sie über 500 Blumen der Alpen. Spaziergänger, Tourengeher, Gipfelstürmer und alle, die häufige sowie besondere Arten kennenlernen wollen, werden hiermit fündig. Jede beschriebene Art lässt sich ohne botanische Fachkenntnisse einwandfrei bestimmen. Die bewährte Kosmos-Einteilung nach Farbe und Form der Blüte erleichtert dabei die Bestimmung, ebenso wie ein Vergleich der Bilder und der beschreibenden Merkmale. Dazu sind typische Merkmale jeder Blume beschrieben, die im Vergleich mit ähnlichen Arten eine genaue Bestimmung ermöglichen. Dabei hilft auch ein Blick auf die symbolisierte Verbreitungskarte, die eine Grobgliederung der Alpen nach pflanzengeografischen und geologischen Kriterien vornimmt: Es gibt Arten, die entweder nur in den Westalpen oder in den Ostalpen vorkommen, und nah verwandte Arten, die auf Kalk oder auf sauren Böden verbreitet sind. Die Grenze zwischen West- und Ostalpen verläuft entlang der Linie Comer See –

Rheintal – Bodensee. Die Ostalpen lassen sich in drei Bereiche gliedern: die Nördlichen und Südlichen Kalkalpen sowie dazwischen die Zentralalpen, die vorwiegend aus sauer verwitternden Gesteinen bestehen. Diese Zone setzt sich nach Südwesten fort und enthält hier die höchsten Gipfel der Alpen. Dabei grenzt sie sich von den überwiegend aus kalkhaltigen Gesteinen bestehenden nördlichen und westlichen Teilen ab. Häufiges Vorkommen einer Art wird durch ein flächiges, gelegentliches Vorkommen durch eine punktuelle Darstellung symbolisiert.

Der Gletscher-Hahnenfuß ist an das extreme Leben in großer Höhe angepasst.

Vom Alpenvorland bis zur Felsstufe

Wer aus den Tälern zu den Alpengipfeln aufsteigt, durchwandert verschiedene klimatisch bedingte Höhenstufen mit jeweils typischer Vegetation, die fließend ineinander übergehen. Vom landwirtschaftlich genutzten Alpenvorland oder den Alpentälern führt der Weg durch den Bergwald, der zunächst aus Laubwald, anschließend aus Nadelwald besteht. Zwischen 1800 und 2200 m über Meereshöhe liegt die Grenze des geschlossenen Waldes, die durch Rodungen für die Almwirtschaft auch niedriger sein kann. An Stellen, wo Weidetiere besonders lange verweilen, siedeln sich düngerliebende Hochstauden an. Darüber folgt die Krummholzstufe mit Latschen- und Grünerlengebüschen, die nach oben abgelöst werden durch Zwergstrauchheiden und alpine Rasen, begleitet von Quellfluren und Schneetälchen-Vegetation in Mulden mit langer Schneebedeckung. Zwischen 2800 und 3000 m endet die geschlossene Vegetation. Oberhalb finden sich zwischen Schutt und Geröll noch polster- und teppichbildende Pflanzen, bis schließlich die Vegetation in

Der Gegenblättrige Steinbrech hält den Höhenrekord für Blütenpflanzen in Europa.

einzelnen begünstigten Felsspalten und Graten bei über 4000 m ü. NN ausklingt. Darüber finden sich nur noch Moose und Flechten.
Viele Blumen der Alpen sind gesetzlich geschützt und dürfen nicht gepflückt werden. Auch ist das Sammeln in Naturschutzgebieten und Nationalparks generell verboten. Weitere Arten sind durch menschliche Einflüsse selten geworden und stehen auf der Roten Liste. Insbesondere diese, aber auch alle anderen Arten und ihre Lebensräume gilt es zu schützen, damit die bunte Welt der Alpenflora erhalten bleibt.

Die Alpenblumen

Alpen-Wiesenraute

Thalictrum alpinum
Hahnenfußgewächse
JULI–AUG. 5–15 CM ▼ (☠)

Typisch Die gelben Staubblätter überragen die Blütenkrone deutlich.
Beschreibung Blütenhülle 4–5-teilig, rotbraun. Blüte nickend. Staubblätter mit violetten Staubfäden, Blätter rosettig, 1–2-fach gefiedert, Abschnitte eingekerbt.
Verbreitung In den West-, Zentral- und Südalpen bis 2800 m. Nasse, steinige Rasen sowie Moore. Selten.

Akeleiblättrige Wiesenraute

Thalictrum aquilegiifolium
Hahnenfußgewächse
MAI–JUNI 50–120 CM ▼

Typisch Die Blüten bestehen aus bü schelig abstehenden Staubblättern.
Beschreibung Blütenblätter winzig und früh abfallend. Blätter akeleiähnlich, 2–3-fach gefiedert, Abschnitte eingekerbt.
Verbreitung Zwischen 900 und 2500 m. Vor allem in Kalkgebieten auf wechselfeuchten Böden recht häufig.

Säuerling

Oxyria digyna
Knöterichgewächse
JULI–AUG. 5–15 CM

Typisch Die Blätter haben einen rundlich-nierenförmigen Umriss.
Beschreibung Blüten unscheinbar, rötlich–grünlich, lockerer, verzweigter Blütenstand. Blätter langgestielt.
Verbreitung Auf kalkarmen, steinigen Böden mit langer Schneebedeckung: Schneetälchen, Geröll, steinige Rasen. Zerstreut.

Steinschmückel

Petrocallis pyrenaica
Kreuzblütler
JUNI–JULI 2–8 CM ▼

Typisch Die Blätter sind dreigeteilt.
Beschreibung Pflanze wächst polsterförmig. Blüten bis 1 cm im Durchmesser, angenehm duftend. Stängel blattlos. Blätter 3–5-teilig und abstehend behaart.
Verbreitung Überwiegend in den Nördlichen und Südlichen Kalkalpen auf trockenen und steinigen Böden zwischen 1700 und 3500 m. Selten.

Rundblättriges Täschelkraut

Thlaspi cepaeifolium
Kreuzblütler
JUNI–JULI 5–15 CM

Typisch Die Blätter sind rundlich und ganzrandig.
Beschreibung Pflanze bildet lockere Rasen. Blüten rosaviolett, 8–18 mm im Durchmesser. Stängel beblättert, Grundblätter rosettig.
Verbreitung In den gesamten Alpen zwischen 1500 und 3300 m, Felsschutt, Geröll. Kalkalpen häufig, sonst selten.

Schneeheide

Erica carnea
Heidekrautgewächse
MÄRZ–JUNI 10–30 CM ▼

Typisch Die schmal-glockenförmigen Blüten neigen sich alle zu einer Seite.
Beschreibung Kelch kürzer als die vierzipflige Krone, violette Staubbeutel ragen heraus. Blätter nadelförmig, in Quirlen zu 3–4, Blattränder eingerollt.
Verbreitung In lichten Nadelwäldern, Zwergstrauchheiden bis 2700 m. Häufig.

Großer Wiesenknopf

Sanguisorba officinalis
Rosengewächse
JULI–SEPT. 30–90 CM

Typisch Der zylindrische bis eiförmige Blütenstand besteht aus 20–40 Blüten.
Beschreibung Einzelblüten klein, nur 4 Kelchblätter vorhanden. Blätter unpaarig gefiedert mit 7–15 gesägten Teilblättchen.
Verbreitung Zwischen 400 und 2400 m, auf (wechsel-)feuchten Wiesen, Flachmooren. Zerstreut.

Rosmarin-Seidelbast

Daphne cneorum
Seidelbastgewächse
MAI–JULI 10–30 CM ▼ ☠

Typisch Die Blätter sind gleichmäßig am Zweig verteilt.
Beschreibung Zwergstrauch mit gabelig verzweigten, behaarten Trieben. Blüten zu 6–10 in Büscheln, nach Anis duftend, Blütenröhre einfarbig, behaart.
Verbreitung Auf Kalk bis auf 2000 m: Zwergstrauchheiden, lichte Wälder und Gebüsche, Felsfluren. Selten.

Gestreifter Seidelbast

Daphne striata
Seidelbastgewächse
MAI–AUG. 5–15 CM ▼ ☠

Typisch Die Blätter befinden sich an der Spitze der Zweige.
Beschreibung Zwergstrauch mit kahlen Trieben. Blüten zu 8–15 in doldigen Büscheln, nach Flieder duftend, Blütenröhre gestreift und kahl.
Verbreitung Überwiegend in den Ostalpen auf Kalk bis auf 2500 m, auf nährstoffarmen, steinigen Standorten. Selten.

Mierenblättriges Weidenröschen

Epilobium alsinifolium
Nachtkerzengewächse
JUNI–AUG. 5–25 CM

Typisch Die Blätter sind dicklich und glänzend.
Beschreibung 4 Kronblätter, leicht eingeschnitten, mit roten Adern. Blätter gegenständig, 2–4 cm lang, schwach gezähnt.
Verbreitung Zwischen 1200 und 2900 m, auf nassen Böden: Quellsümpfe, Ufer, Hochstaudenfluren. Zerstreut bis häufig.

Schmalblättriges Weidenröschen

Epilobium angustifolium
Nachtkerzengewächse
JUNI–AUG. 50–150 CM

Typisch Der Blütenstand ist hoch und vielblütig.
Beschreibung Blüten bis 2,5 cm im Durchmesser. Blätter wechselständig, lineal-lanzettlich, 5–20 cm lang, unterseits blaugrün. Jungpflanze essbar.
Verbreitung Zwischen 400 und 2500 m, Kahlschläge, Gebüsche, Schutt. Häufig.

Fleischers Weidenröschen

Epilobium fleischeri
Nachtkerzengewächse
JULI–AUG. 10–30 CM ▼

Typisch Die großen Blüten haben einen Durchmesser von 2–4 cm.
Beschreibung Blüten zu 5–10 in einer endständigen Traube, Blätter wechselständig, dicht gedrängt, nur 1–4 mm breit.
Verbreitung Schwerpunkt in den Westalpen, östlich bis Tirol. Bis auf 2500 m. Flussschotter u. Schuttböden. Zerstreut.

Quirlblättriges Weidenröschen

Epilobium alpestre
Nachtkerzengewächse
JUNI–AUG. 30–80 CM

Typisch Die Blätter sind jeweils zu 3 oder 4 etagenartig am Stängel angeordnet.
Beschreibung Stängel mit 2–4 herablaufenden Haarleisten, Blätter breit lanzettlich, oberseits deutlich glänzend.
Verbreitung Zwischen 1300 und 2400 m. Feuchte, nährstoffreiche Böden: Hochstaudenfluren, Erlengebüsch. Häufig.

Feld-Enzian

Gentianella campestris
Enziangewächse
JULI–SEPT. 5–20 CM ▼

Typisch Kelch ist fast bis zum Grund frei.
Beschreibung Blüten 1–3 cm lang in den Blattachseln und am Ende des Stängels, rotviolett, in der Mitte mit einem Kranz von Fransen. Blätter zur Blütezeit oft schon verwelkt.
Verbreitung Kalk- und nährstoffarme Böden, 1000–2000 m: Wiesen und Weiden. Zerstreut.

Halbstrauch-Ehrenpreis

Veronica fruticulosa
Wegerichgewächse
JUNI–AUG. 10–20 cm

Typisch Die rosa Blütenblätter sind von dunkelroten Adern durchzogen.
Beschreibung Pflanze mit verholzenden Ausläufern. Stängel dicht kreuzweise gegenständig beblättert. Blätter schmaloval bis länglich.
Verbreitung West- und Südalpen auf Kalk, bis 2400 m, fehlt in den Nordostalpen. Felspalten und -schutt. Zerstreut.

Ostalpen-Nelke

Dianthus alpinus
Nelkengewächse
JUNI–AUG. 3–15 CM ▼

Typisch Im Inneren der Blüte befindet sich ein dunklerer Ring.
Beschreibung Blüten 1–2 cm im Durchmesser, weißfleckig. Stängel meist einblütig. Blätter länglich-lanzettlich, bis 5 mm breit.
Verbreitung In den Nordostalpen bis auf 2400 m, ausschließlich auf Kalk: steinige, lockere Rasen, Gebüsche. Selten.

Bartnelke

Dianthus barbatus
Nelkengewächse
JUNI–SEPT. 20–70 CM ▼

Typisch Die Blüten befinden sich einem endständigen, dichten Büschel.
Beschreibung Blüten bis zu 30 im Blütenstand, von langen und spitzen Hochblättern umgeben. Blätter bis 2 cm breit.
Verbreitung In den südöstlichen Alpen zwischen 1000 und 2500 m. Trockene, kalk- und nährstoffreiche Böden. Selten, z. T. verwildert.

Gletscher-Nelke

Dianthus glacialis
Nelkengewächse
JULI–AUG. 2–8 CM ▼

Typisch Die Blätter reichen so hoch wie oder höher als die Blüten.
Beschreibung Blüten purpurrot, 1–2 cm im Durchmesser. Stängel einblütig. Blätter schmal, bis 5 cm lang.
Verbreitung Nur in den östlichen Zentralalpen bis auf 2900 m. Steinige, windexponierte Stellen wie Grate und Felsrasen. Selten.

Pracht-Nelke

Dianthus superbus
Nelkengewächse
JUNI–SEPT. 20–70 CM ▼

Typisch Die Kronblätter sind rosa und am Rand zerschlitzt.
Beschreibung Blüten groß, 3–6 cm im Durchmesser, angenehm duftend. Blätter schmal, bis 10 mm breit.
Verbreitung In den gesamten Alpen mit mehreren Unterarten zwischen 300 und 2400 m. Rasen, Gebüsche und Waldränder. Zerstreut.

Stein-Nelke

Dianthus sylvestris
Nelkengewächse
JUNI–SEPT. 10–50 CM ▼

Typisch Die Pflanze bildet kleine Polster.
Beschreibung Blütenkronblatter rosa bis rotviolett, ungefleckt, gezähnt. Blätter bis 4 cm lang, bis 2 mm breit, rinnig.
Verbreitung Im gesamten Alpenraum bis auf 2800 m. Nährstoffarme, trockene und steinige Böden: steinige Rasen, Felsschutt. Zerstreut.

Rotes Seifenkraut

Saponaria ocymoides
Nelkengewächse
MAI–SEPT. 10–35 CM ▼

Typisch Der Kelch ist drüsig behaart.
Beschreibung Pflanze durch Ausläufer rasig wachsend. Blüten büschelig an verzweigten Stängeln. Blätter schmal, am Grund bewimpert.
Verbreitung In den gesamten Alpen bis auf 2300 m, aber mit Westalpen-Schwerpunkt, auf kalkhaltigen Böden. Zerstreut bis häufig.

Niedriges Seifenkraut

Saponaria pumilia
Nelkengewächse
AUG.–SEPT. 3–8 CM ▼

Typisch Zwischen den einzelnen Kronblättern ist viel Platz.
Beschreibung Pflanze polsterförmig. Blüten bis 2,5 cm breit. Stängel einblütig. Blätter schmal und etwas fleischig.
Verbreitung In den zentralen Ostalpen bis auf 2600 m: kalkfreie, steinige Rasen und Zwergstrauchheiden. Zerstreut.

Stängelloses Leimkraut

Silene acaulis
Nelkengewächse
JUNI–SEPT. 1–5 CM ▼

Typisch Die Pflanze bildet dichte Polster.
Beschreibung Blüten wenig gestielt, bis 2 cm im Durchmesser. Blätter bis 12 mm lang, ledrig und bewimpert.
Verbreitung Vor allem äußere Ketten der Alpen zwischen 1700 und 2900 m. Basenreiche Böden: Magerrasen, Felsfluren, Schuttfelder. Zerstreut bis häufig.

Rote Lichtnelke

Silene dioica
Nelkengewächse
MAI–SEPT. 30–90 CM

Typisch Männliche und weibliche Blüten sind auf verschiedenen Pflanzen.
Beschreibung Blüten bis 3 cm im Durchmesser, Kelch eng mit 10 (männlich) oder aufgeblasen mit 20 Rippen (weiblich). Blätter breit lanzettlich und behaart.
Verbreitung Bis 2300 m. Feuchte nährstoffreiche Böden: Hochstaudenfluren, Gebüsche, Grünland. Häufig.

Alpen-Pechnelke

Silene suecica
Nelkengewächse
JULI–AUG. 5–20 CM ▼

Typisch Die Blüten stehen dicht gedrängt am Stängelende.
Beschreibung Blüten purpurrot, etwa 1 cm breit. Stängel unverzweigt, nicht klebrig. Blätter schmal-lanzettlich.
Verbreitung In den zentralen Alpen zwischen 2300 und 3000 m: trockene, kalkarme, windexponierte Böden, Grate, steinige Rasen. Selten.

Schlangen-Knöterich

Bistorta officinalis
Knöterichgewächse
JUNI–JULI 30–80 CM

Typisch Die kleinen Einzelblüten stehen in einem ährenartigen Blütenstand.
Beschreibung Blätter unterseits bläulich-grün und weich behaart. Heilpflanze und Wildgemüse.
Verbreitung Bis auf 2500 m. Nährstoffreiche, nasse Böden: Feuchte Wiesen und Weiden. Häufig.

Alpen-Grasnelke

Armeria alpina
Bleiwurzgewächse
JULI–AUG. 5–20 CM ▼

Typisch Die Blätter erinnern an Gräser.
Beschreibung Pflanze in dichten Polstern. Blüten in einem kopfigen Blütenstand, mit häutigen Hüllblättern, Kronblätter verwachsen.
Verbreitung Vor allem in den zentralen und südlichen Ketten bis auf 3000 m: auf Rasen oder im Felsschutt. Selten.

Gemsheide, Alpenazalee

Loiseleuria procumbens
Heidekrautgewächse
JUNI–JULI 15–30 CM ▼

Typisch Ein kleiner Strauch, der flach dem Boden anliegt.
Beschreibung Blüten zu 2–5 in endständigen Dolden. Blätter länglich-nadelartig, nach unten eingerollt, Oberseite glänzend.
Verbreitung 1500–3000 m auf sauren Böden: windexponierte Grate, Schutt. In den Zentralalpen häufig, sonst selten.

Rostrote Alpenrose

Rhododendron ferrugineum
Heidekrautgewächse
JUNI–JULI 20–100 CM ▼ ☠

Typisch Die Unterseite der Blätter ist rostrot beschuppt.
Beschreibung Blüten leuchtend rot, etwa 1,5 cm lang, glockig, 5 stumpfe Zipfel. Blätter um 4 cm lang, oval, ledrig, kahl, oben glänzend dunkelgrün.
Verbreitung Saure, kalkarme Böden vor allem der inneren Ketten, bis 2500 m: Wälder, Zwergstrauchheiden. Häufig.

Behaarte Alpenrose

Rhododendron hirsutum
Heidekrautgewächse
JUNI–JULI 20–80 CM ▼ ☠

Typisch Die Blätter sind am Rand bewimpert.
Beschreibung Blüten hellrot, trichterförmig-glockig; etwa 1,5 cm lang; Blätter bis 3 cm lang, oval, ledrig, Oberseite glänzend. Giftigkeit umstritten.
Verbreitung Feuchte, kalkhaltige Böden, 1500–2500 m: Wälder, Zwergstrauchheiden. In den Kalkalpen häufig. Selten.

Zwerg-Alpenrose

Rhodothamnus chamaecistus
Heidekrautgewächse
MAI–JULI 10–40 CM ▼

Typisch Die Blüten sind flach ausgebreitet.
Beschreibung Blüten zu 1–3 endständig, lang gestielt. Blätter oval-lanzettlich, ca. 1 cm lang, Rand ledrig, bewimpert.
Verbreitung In den Ostalpen auf Kalk, zwischen 1500 und 2200 m, Westgrenze im Allgäu: felsige Hänge, Geröllhalden. Zerstreut.

Fleischroter Mannsschild

Androsace adfinis ssp. *puberula*
Primelgewächse
JUNI–AUG. 3–12 CM ▼

Typisch Blattrosette mit schmal-lanzettlichen Blättern.
Beschreibung Blüten zu 1–8 auf langem Stängel, rosa, innen dunkler mit gelber Mitte, weitere Unterarten mit weißer Blüte.
Verbreitung Südwestalpen bis zum Wallis, zwischen 1800 und 3000 m, auf kalkarmen, steinigen Böden. Selten.

Alpen-Mannsschild

Androsace alpina Primelgewächse
JULI–AUG. 2–5 CM ▼

Typisch Die Blattrosetten bilden flache Polster.
Beschreibung Blüten 5–9 mm im Durchmesser, einzeln, kurz gestielt. Blätter durch Haare weißlich überkrustet aussehend.
Verbreitung Vor allem innere Ketten zwischen 2000 und 3400 m, selten bis über 4000 m. Feuchte, kalkarme Böden. Zerstreut bis selten.

Heilglöckel, Heilglöckchen

Cortusa matthioli
Primelgewächse
MAI–AUG. 20–50 CM ▼ (☠)

Typisch Die Blüten nicken und sind zu einer Seite gewandt.
Beschreibung Blüten zu 5–10 in einer Dolde, auf langem, behaarten Stängel. Blätter groß, bis 12 cm breit, lang gestielt.
Verbreitung Feuchte, saure Böden zwischen 1000 und 2000 m, gern halbschattig: Gebüsche, lichte Wälder, Hochstaudenfluren. Sehr selten.

(Europ.) Alpenveilchen

Cyclamen purpurascens
Primelgewächse
JUNI–SEPT. 5–20 CM ▼ ☠

Typisch Die Blütenblätter sind nach hinten zurückgeschlagen.
Beschreibung Blüten bis 2,5 cm lang, blattloser Schaft, Blätter gestielt, herzförmig, weißlich gefleckt. Volksarzneipflanze.
Verbreitung Süd- und Südostalpen bis 2000 m. Steinige, kalkhaltige Böden: Kiefernwälder, Latschengebüsche. Selten.

Mehl-Primel

Primula farinosa Primelgewächse
MAI–JULI 5–25 CM ▼

Typisch Der Kelch der Blüten ist fast so lang wie die Kronröhre.
Beschreibung Blüten in vielblütiger Dolde, Stängel mehrfach länger als die Blätter. Blätter auf der Unterseite mehlig bestäubt.
Verbreitung Auf feuchten, nährstoffreichen, meist kalkhaltigen Böden bis auf 2700 m: Moore, Quellfluren, Rasen. Zerstreut.

Hallers Primel

Primula halleri
Primelgewächse
JUNI–JULI 10–30 CM ▼

Typisch Die 2–3 cm lange Kronröhre der Blüten ist deutlich länger als der Kelch.
Beschreibung Blüten in vielblütiger Dolde. Stängel mehrfach länger als die Blätter. Blätter auf der Unterseite weißlich, mehlig bestäubt.
Verbreitung Vor allem Süd- und Südostalpen bis 2900 m. Steinige, kalkhaltige Böden. Selten.

Rote Felsen-Primel

Primula hirsuta
Primelgewächse
MAI–JULI 3–10 CM ▼

Typisch Auf den Blättern sind kurze, klebrig-drüsige Haare.
Beschreibung Blüten zu 1–5 am Stängel, dieser meist kürzer als die gekerbten und fleischigen Blätter.
Verbreitung In den inneren Ketten der Alpen auf sauren Böden bis auf über 3000 m: Felsspalten und -schutt, steinige Rasen. Zerstreut bis häufig.

Ganzblättrige Primel

Primula integrifolia
Primelgewächse
JUNI–JULI 2–5 CM ▼

Typisch Die kleinen, ganzrandigen Blätter haben fast keinen Stiel.
Beschreibung Blüten bis 2,5 cm im Durchmesser, zu 1–6 am Stängel. Blätter am Rand leicht flaumig behaart.
Verbreitung Zentrale Ketten der Westalpen, nach Osten bis zu einer Linie Tonale – Arlberg. Kalkarme Schneetälchen. Zerstreut.

Zwerg-Primel

Primula minima
Primelgewächse
JUNI–JULI 1–4 CM ▼

Typisch Die Blüten sind doppelt so groß wie die Blätter.
Beschreibung Blüten bis 3 cm im Durchmesser, Kronblätter bis zur Hälfte eingeschnitten. Blätter glänzend, oberseits am Rand mit 3–9 Sägezähnen.
Verbreitung In den Ostalpen auf sauren Böden bis 3000 m: Schneetälchen, Felsspalten und -schutt. Zerstreut.

Piemonteser Primel

Primula pedemontana
Primelgewächse
MAI–JULI 5–20 CM ▼

Typisch Am Blattrand befinden sich kleine, rote Drüsen.
Beschreibung Blüten zu 2–8 in einer Dolde. Stängel doppelt so lang wie die Blätter. Blätter 2–6 cm lang, ganzrandig bis gewellt, nicht glänzend.
Verbreitung Westalpen bis 3000 m, auf kalkarmen Rohhumusböden: Felsspalten und -schutt. Sehr selten.

Pracht-Primel

Primula spectabilis
Primelgewächse
MAI–JULI 5–20 CM ▼

Typisch Blätter glänzend, mit einem festen, weißlichen Rand.
Beschreibung Blüten 2–3 cm im Durchmesser, zu 2–7 in einer Dolde. Kelch mit spitzen Zähnen. Blätter 3–9 cm lang.
Verbreitung In den Südalpen zwischen 700 und 2200 m auf kalkreichen Böden: steinige Rasen, Felsspalten und -schutt. Selten.

Rundblättrige Fetthenne

Sedum anacampseros
Dickblattgewächse
JULI–AUG. 10–25 CM

Typisch Die Blüten bilden dichte, fast halbkugelige Blütenstände.
Beschreibung Blüten 5–7 mm im Durchmesser. Stängel beblättert. Blätter sitzend, flach, ganzrandig, etwas fleischig.
Verbreitung Von den Seealpen bis zum Wallis und im Trentino, zwischen 1400 und 2500 m. Steinige, kalkarme Böden. Zerstreut.

Dunkler Mauerpfeffer

Sedum atratum
Dickblattgewächse
JUNI–AUG. 3–8 CM ▼

Typisch Alle Triebe blühen.
Beschreibung Blüten rot überlaufen oder mit einem roten Strich auf den gelblichen Kronblättern. Blätter rot, kahl, im Querschnitt fast rund.
Verbreitung In den Kalkgebieten der Alpen bis auf 3100 m: Felsen, Schutt und Geröll. Auf Kalk häufig, sonst selten.

Zweiblütiger Steinbrech

Saxifraga biflora
Steinbrechgewächse
JULI–AUG. 2–10 CM ▼

Typisch Die Blütenkronblätter sind schmal.
Beschreibung Blüten zu 2–9 am kurzen, beblätterten Stängel, Blätter gegenständig, fleischig, bis 5 mm lang.
Verbreitung Feuchte, kalkhaltige Böden zwischen 2000 und über 4000 m: Moränen, Gesteinsschutt. Zerstreut bis selten.

Kies-Steinbrech

Saxifraga mutata
Steinbrechgewächse
JULI–AUG. 10–40 CM ▼

Typisch Die Blattrosetten sind mit 5–15 cm Durchmesser recht groß.
Beschreibung Blüten mit gelben bis tieforangen Kronblättern, im Zentrum dunkelrot. Rispenartiger Blütenstand.
Verbreitung In den Kalkgebieten der Alpen bis auf 2200 m: feuchte, kalkhaltige Böden. Zerstreut, in den Zentralalpen sehr selten.

Gegenblättriger Steinbrech

Saxifraga oppositifolia
Steinbrechgewächse
APRIL–JULI 2–5 CM ▼

Typisch Die Blüten sind mit 1–2 cm im Durchmesser viel größer als die Blätter.
Beschreibung Bildet lockere Polster. Blüten einzeln. Blätter gegenständig, oft mit Kalkkrusten.
Verbreitung Oberhalb 800 m, hält mit 4505 m Höhenrekord (in Europa), feuchte steinige Böden: Steinrasen, Schuttfluren, Felsen. Häufig.

Dolomiten-Fingerkraut

Potentilla nitida
Rosengewächse
JUNI–SEPT. 2–8 CM ▼

Typisch Die Blüten sind meist rosarot.
Beschreibung Bildet flache Polster. Blütenkronblätter an der Spitze leicht ausgerandet. Blätter meist dreizählig.
Verbreitung Fast ausschließlich Südalpen zwischen 1200 und 3100 m auf trockenen, kalkreichen und steinigen Böden: Felsen und Schutthalden. Selten.

Brauner Storchschnabel

Geranium phaeum
Storchschnabelgewächse
JUNI–JULI 30–60 CM ▼

Typisch Die Blüten sind flach ausgebreitet und braunviolett.
Beschreibung Blüten bis 2,5 cm im Durchmesser. Blätter bis über die Mitte eingeschnitten, handförmig 7-teilig.
Verbreitung Vor allem in den zentralen Ketten zwischen 1000 und 2000 m. Feuchte, nährstoffreiche Böden: Wiesen, Hochstaudenfluren. Zerstreut bis selten.

Blutroter Storchschnabel

Geranium sanguineum
Storchschnabelgewächse
MAI–JULI 20–60 CM ▼

Typisch Mit bis zu 4 cm im Durchmesser sind die Blüten im Vergleich sehr groß.
Beschreibung Blüten kräftig rot, in lockeren Rispen, gestielt. Blätter handförmig in schmale Abschnitte geteilt.
Verbreitung Zwischen 400 und 1800 m. Trockene, warme Böden, gerne kalkhaltig: lichte Wälder und Gebüsche. Zerstreut bis selten.

Wald-Storchschnabel

Geranium sylvaticum
Storchschnabelgewächse
JUNI–AUG. 30–70 CM

Typisch Die Kelchblätter sind zu einer langen Granne verlängert.
Beschreibung Blüten 1,5–2,5 cm im Durchmesser, in der Mitte weiß. Blätter handförmig in 6 Abschnitte geteilt.
Verbreitung Zwischen 700 und 2500 m. Nährstoffreiche, feuchte Böden: Bergwiesen, Hochstaudenfluren, lichte Wälder und Gebüsche. Häufig.

Alpen-Mutterwurz

Ligusticum mutellina
Doldenblütler
JUNI–AUG. 10–80 CM

Typisch Am Grunde des Stängels befindet sich ein brauner Faserschopf.
Beschreibung Hüllblätter der Dolde fallen früh ab. Blätter 2–3-fach gefiedert, aromatischer Geruch. Grundlage für Spirituosen, alte Heilpflanze.
Verbreitung Auf nährstoffreichen Böden bis auf 2600 m: Wiesen, Weiden und Hochstaudenfluren. Häufig.

Zwerg-Mutterwurz

Ligusticum mutellinoides
Doldenblütler
JUNI–AUG. 3–15 CM

Typisch Die Hüllblätter der Dolde sind groß und bleibend.
Beschreibung Blüten rosa oder weiß. Stängel ohne oder mit 1 Blatt. Blätter 2–3-fach gefiedert, im Umriss oval.
Verbreitung Auf kalkarmen, steinigen Böden zwischen 2000 und 3000 m: Geröll, steinige Rasen, Grate. Zerstreut.

Große Bibernelle

Pimpinella major
Doldenblütler
JUNI–SEPT. 30–80 CM ▼

Typisch Im Umriss wirken die Teilblättchen fast dreieckig.
Beschreibung Blüten rötlich oder weiß. Stängel kantig gefurcht. Blätter unpaarig gefiedert, 3–9 spitze Teilblättchen mit gesägtem Rand. Alte Heilpflanze.
Verbreitung Zwischen 600 und 2200 m. Bergwiesen und Hochstaudenfluren. Häufig.

Schopfige Teufelskralle

Physoplexis comosa
Glockenblumengewächse
JUNI–AUG. 5–15 CM ▼

Typisch Die Teilblüten haben eine violette Spitze, die an eine Kralle erinnert. **Beschreibung** Blüten zu 10–30 in einem kopfigen Blütenstand. Blätter nierenförmig oder oval, deutlich gezähnt. **Verbreitung** Nur in den südlichen Kalkalpen bis 2000 m: Felsspalten und Schutthalden. Sehr selten.

Berg-Baldrian

Valeriana montana
Geißblattgewächse
MAI–AUG. 10–50 CM

Typisch Blüten rosaweiß, in doldenartigen Köpfchen.
Beschreibung Blütenstand vielblütig. Blüten bis 6 mm im Durchmesser. Stängel mit 3–8 Blattpaaren. Blätter glänzend, ganzrandig bis undeutlich gezähnt. **Verbreitung** Steinige, kalkreiche Böden zwischen 1000 und 2600 m. In den Kalkalpen häufig, sonst selten.

Zwerg-Baldrian

Valeriana supina
Geißblattgewächse
JUNI–AUG. 3–12 CM ▼

Typisch Blütenköpfchen wenigblütig, von Hochblättern umgeben.
Beschreibung Blüten hellrosa, 2–5 mm lang. Stängel mit 1–2 Blattpaaren. Blätter ungeteilt, ganzrandig, etwas fleischig. **Verbreitung** Ostalpenpflanze bis 2700 m, westlich bis Graubünden. Feuchte, kalkreiche Böden: Schneetälchen, Schuttfluren. Selten.

Berg-Küchenschelle

Pulsatilla montana
Hahnenfußgewächse
MÄRZ–MAI 10–30 CM ▼ ☠

Typisch Blattzipfel schmal (< 2 mm breit).
Beschreibung Blüten dunkelviolett bis rötlich, 5–6 cm im Durchmesser, Blätter bis auf Hochblattquirl erst nach der Blüte.
Verbreitung Süd- und Südwestalpen, 500–1600 m, auf sehr trockenen Böden: mageres Grünland. Selten.

Berg-Sauerampfer

Rumex alpestris
Knöterichgewächse
JUNI–AUG. 30–100 CM

Typisch Blätter pfeilförmig mit abgerundeter Spitze.
Beschreibung Blüten rötlich-grünlich, in lockerer Rispe. Blätter dünn und weich, Grundblätter langgestielt, fast dreieckig.
Verbreitung Bis auf 2200 m. Nährstoffreiche, feuchte Böden: Weiden, Gebüsche. Zerstreut.

Schnee-Ampfer

Rumex nivalis
Knöterichgewächse
JULI–AUG. 5–25 CM

Typisch Rote, oft in Etagen angeordnete, walzenförmige Blütenstände.
Beschreibung Blüten klein, Kronblätter zurückgeschlagen, Blätter bis 4 cm lang, rundlich-oval bis spießförmig, etwas fleischig.
Verbreitung Ostalpenpflanze bis 2500 m. Feuchte, kalkreiche und steinige Böden. Selten.

Alpen-Ampfer

Rumex alpinus
Knöterichgewächse
JUNI–AUG. 60–120 CM

Typisch Blätter bis 30 cm groß und gewellt.
Beschreibung Dichte Blütenstände mit zahlreichen grünroten Einzelblüten. Blätter bis 50 cm lang, oval, am Grund herzförmig.
Verbreitung Gesamte Alpen bis auf 2600 m. An feuchten, überdüngten Stellen: um Almhütten, Lägerfluren. Häufig.

Kleiner Sauerampfer

Rumex acetosella
Knöterichgewächse
MAI–AUG. 10–30 CM

Typisch Blätter schmal-spießförmig, Blüten klein und rot-grün.
Beschreibung Weibliche und männliche Blüten auf verschiedenen Pflanzen. Blätter gelegentlich auch ohne Spießecken.
Verbreitung Bis auf 2400 m. Lückige Rasen, Wegränder. Häufig.

Pfingstrose

Paeonia officinalis
Pfingstrosengewächse
MAI–JUNI 40–120 CM ▼

Typisch Die meist 8 purpurroten, großen Blüten stehen einzeln.
Beschreibung Blüten bis 15 cm im Durchmesser. Blätter bis 30 cm lang, mehrfach 3-teilig.
Verbreitung Südalpen bis 1700 m auf trockenen, kalkreichen und steinigen Böden: lichte Wälder und Gebüsche. Sehr selten, oft als Zierpflanze kultiviert.

Heidekraut

Calluna vulgaris
Heidekrautgewächse
JULI–OKT. 10–50 CM

Typisch Blüte in Trauben, diese meist zu einer Seite gewandt.
Beschreibung 8 Blütenblätter. Blätter immergrün, gegenständig, 1–3 mm lang und ca. 1 mm breit. Blätter überdecken sich dachziegelartig.
Verbreitung Bis 2900 m auf nährstoff- und kalkarmen, trockenen Böden. Zerstreut bis häufig.

Echtes Alpenglöckchen

Soldanella alpina
Primelgewächse
MAI–JULI 5–15 CM ▼

Typisch Die Blüten sind bis zur Hälfte zerschlitzt.
Beschreibung Stängel mit 1–3 Blüten. Blüten blauviolett-rotviolett, trichterförmig, nickend. Blätter rundlich, am Grund herzförmig, dicklich.
Verbreitung Feuchte, nährstoffreiche Böden, gerne auf Kalk. Bis auf 2700 m. Häufig.

Kleines Alpenglöckchen

Soldanella pusilla
Primelgewächse
JUNI–AUG. 3–10 CM ▼

Typisch Die Blüten sind bis zu einem Viertel zerschlitzt.
Beschreibung Stängel mit Einzelblüten. Blüten hellviolett, trichterförmig, nickend. Blätter rundlich-nierenförmig, am Grund herzförmig.
Verbreitung Nährstoff- und kalkarme, steinige Böden, 2000–3000 m: Schneetälchen, feuchte Rasen. Zerstreut.

Spinnweben-Hauswurz

Sempervivum arachnoideum
Dickblattgewächse
MAI–SEPT. 5–15 CM ▼

Typisch An der Spitze der Blattrosetten sitzen spinnwebartige Haare.
Beschreibung Blüten zu 8–12, 1–2 cm im Durchmesser. Blattrosetten 1,5 cm breit.
Verbreitung Vor allem in den Zentral- und Südalpen zwischen 1000 und 2800 m. Felsen, Mauern, Schutt. Häufig bis zerstreut.

Berg-Hauswurz

Sempervivum montanum
Dickblattgewächse
JULI–SEPT. 5–25 CM ▼

Typisch Die 12–16 Blütcnblätter sind rotviolett.
Beschreibung Blüten 2–3 cm im Durchmesser. Rosettenblätter mit rotbrauner Spitze, drüsig behaart, ohne randliche Wimpern.
Verbreitung Steinige, kalkarme Böden zwischen 1000 und 3000 m: in Felsspalten, auf Schutt, steinige Rasen. Zerstreut.

Alpen-Hauswurz

Sempervivum tectorum ssp. *alpinum*
Dickblattgewächse
JULI–AUG. 10–40 CM ▼

Typisch Die Rosettenblätter sind am Rand bewimpert, sonst kahl.
Beschreibung Blüten 2–3 cm im Durchmesser. Stängel drüsig behaart. Blattrosetten 3–8 cm im Durchmesser, Blätter an der Spitze rotbraun.
Verbreitung Zwischen 800 und 2800 m. Trockene, steinige Böden: auf Felsen und Magerrasen. Zerstreut.

Ungarischer Enzian

Gentiana pannonica
Enziangewächse
JULI–AUG. 15–60 CM ▼

Typisch Die 5–8 Kelchzähne sind nach außen gebogen.
Beschreibung Blüten außen rotviolett, dunkler punktiert, innen gelblich. Krone fast bis zur Hälfte eingeschnitten.
Verbreitung Nur in den Ostalpen, bis auf 2200 m, auf basen- und nährstoffreichen Böden: Hochstaudenfluren, Moore, Latschengebüsche. Zerstreut.

Purpur-Enzian

Gentiana purpurea
Enziangewächse
JULI–AUG. 20–60 CM ▼

Typisch Kelch ist zweiteilig und tief eingeschnitten.
Beschreibung Blüten außen purpurrot, nicht punktiert, innen gelblich. Krone zu einem Drittel eingeschnitten.
Verbreitung Westalpen westlich bis Allgäu, zwischen 1600 und 2500 m. Kalkarme Böden: Weiden, Gebüsche, Zwergstrauchheiden. Zerstreut.

Grauer Alpendost

Adenostyles alliariae
Korbblütler
JUNI–SEPT. 50–150 CM

Typisch Die Blattunterseite ist spinnwebartig behaart.
Beschreibung Blütenkörbchen 3–6-blütig. Blätter bis 50 cm groß, herzförmig, unregelmäßig gezähnt.
Verbreitung Zwischen 1000 und 2200 m auf feuchten, nährstoffreichen Böden: Hochstaudenfluren, Gebüsche und Wälder. Häufig.

Kahler Alpendost

Adenostyles glabra
Korbblütler
JUNI–AUG. 30–80 CM

Typisch Die Blattunterseite ist nur auf den Nerven behaart.
Beschreibung Blütenkörbchen meist mit 2–3 Blüten. Blätter herzförmig, regelmäßig gezähnt.
Verbreitung Überwiegend in den äußeren Ketten auf Kalk zwischen 1000 und 2200 m: Schutt- und Hochstaudenfluren, Gebüsche und Wälder. Zerstreut.

Weißfilziger Alpendost

Adenostyles leucophylla
Korbblütler
JULI–AUG. 10–40 CM ▼

Typisch Die Unterseite der Blätter ist weißfilzig.
Beschreibung Blütenkörbchen mit 12–24 Blüten. Stängel weißfilzig, abwischbar. Blätter nieren- bis herzförmig.
Verbreitung Westalpenpflanze, nach Osten bis ins westliche Tirol, zwischen 2000 und 3000 m. Kalkarme, steinige Böden: Felsschutt, Geröll. Zerstreut.

Alpen-Pestwurz

Petasites paradoxus
Korbblütler
APRIL–JUNI 10–30 CM

Typisch Die unterseits weißfilzigen Blätter erscheinen während der Blütezeit.
Beschreibung Körbchen traubig angeordnet, bis 8 mm im Durchmesser. Stängel mit roten Schuppen. Blätter dreieckig bis herzförmig.
Verbreitung Steinige, kalkhaltige Böden bis 2000 m: Schutthalden, Bachgeröll. In den Kalkalpen häufig, sonst selten.

Gemeines Katzenpfötchen

Antennaria dioica
Korbblütler
JUNI–JULI 5–25 CM ▼

Typisch Die Blütenkörbchen sind von trockenhäutigen Hüllblättern umgeben.
Beschreibung Pflanze bildet Ausläufer. Blüten rot, rosa und weiß nebeneinander. Blätter oval bis schmal lanzettlich, Unterseite weißfilzig. Alte Heilpflanze.
Verbreitung Trockene, kalk- und nährstoffarme Böden: Heiden, Weiden. Häufig.

Gewöhnlicher Alpenlattich

Homogyne alpina
Korbblütler
MAI–AUG. 10–40 CM

Typisch Die nierenförmigen Blätter glänzen auf der Oberseite und sind unterseits kahl.
Beschreibung Körbchen einzeln am Stängelende, bis 2,5 cm im Durchmesser. Stängel wollig behaart.
Verbreitung Saure, kalkarme Böden bis 3000 m: lichte Wälder, Schneetälchen, Zwergstrauchheiden. Zerstreut.

Alpen-Distel

Carduus defloratus
Korbblütler
JUNI–SEPT. 15–70 CM

Typisch Stängel sind am oberen Ende blattlos und ohne Stacheln.
Beschreibung Körbchen 2,5–4,5 cm lang, einzeln, nicht nickend. Blätter kahl, buchtig gezähnt und randlich bestachelt.
Verbreitung Trockene, oft kalkreiche Böden, bis auf 3000 m: Weiden, lichte Wälder, Heiden. Zerstreut bis häufig.

Kletten-Distel

Carduus personata Korbblütler
JUNI–AUG. 50–150 CM ▼

Typisch Die Stängel sind bestachelt.
Beschreibung Körbchen am Stängelende gehäuft, 1,5–2,5 cm lang. Blattunterseite filzig behaart, untere Blätter fiederteilig, obere Stängelblätter ungeteilt.
Verbreitung Feuchte, nährstoffreiche, meist kalkhaltige Böden, 800–2500 m: Hochstauden- und Lägerfluren, Wiesen. Zerstreut.

Alpen-Flockenblume

Centaurea scabiosa ssp. *alpestris* Korbblütler
JULI–AUG. 30–70 CM ▼

Typisch Die Hüllblätter des Körbchens sind dreieckig und gefranst, schwarz.
Beschreibung 1–3 Körbchen am Stängelende. Blätter einfach bis doppelt fiederteilig, ledrig.
Verbreitung Trockene, kalkreiche Böden: Wiesen, Gebüsche zwischen 1200 und 2500 m. Zerstreut, örtlich häufig.

Einköpfige Flockenblume

Centaurea uniflora Korbblütler
JULI–SEPT. 5–30 CM

Typisch Die Pflanze ist dicht weißfilzig behaart.
Beschreibung Blütenkörbchen stehen einzeln am Stängelende. Verblühte Körbchen perückenähnlich. Blätter schmal lanzettlich (meist < 1 cm breit), ganzrandig oder fein gezähnt.
Verbreitung Südwestliche Alpen, nur Frankreich und Italien. Bergwiesen bis 2500 m. Selten.

Federige Flockenblume

Centaurea nervosa Korbblütler
JULI–AUG. 10–40 CM ▼

Typisch Die graugrüne Pflanze ist dicht und rau behaart.
Beschreibung Blütenkörbchen einzeln am Stängelende. Verblühte Körbchen perückenähnlich. Blätter lanzettlich (meist > 1cm breit), gezähnt.
Verbreitung Vor allem in den Zentral- und Südalpen zwischen 1000 und 2600 m. Feuchte, kalkarme Böden. Zerstreut.

Perücken-Flockenblume

Centaurea pseudophrygia Korbblütler
AUG.–SEPT. 20–80 CM ▼

Typisch Die verblühten Körbchen wirken perückenähnlich.
Beschreibung 2–4 Blütenkörbchen am Stängelende. Stängel meist verzweigt. Blätter breit lanzettlich, obere sitzend und stängelumfassend, untere gestielt.
Verbreitung Feuchte, humose Böden: Wiesen, Gebüsche und Waldränder, bis 2000 m. Zerstreut.

Alpenscharte

Saussurea rhapontica Korbblütler
JULI–SEPT. 30–120 CM ▼

Typisch Die endständigen Körbchen sind mit 8–10 cm im Durchmesser sehr groß.
Beschreibung Stängel unter dem Körbchen verdickt. Blätter bis 50 cm lang, gezähnt, unterseits weißfilzig behaart.
Verbreitung Feuchte, nährstoffreiche und steinige Böden zwischen 1400 und 2500 m: Hochstauden- und Schuttfluren. Selten.

Stängellose Kratzdistel

Cirsium acaule
Korbblütler
JULI–SEPT. 5–15 CM

Typisch Blütenkörbchen stängellos bis kurzgestielt.
Beschreibung Einzelblüten auf einer großen Rosette, Blätter gebuchtet bis fiederspaltig, nur am Rand bestachelt.
Verbreitung Trockene, kalkreiche Böden: Wiesen und Weiden zwischen 800 und 2300 m. Häufig, in den Zentralalpen selten.

Wollköpfige Kratzdistel

Cirsium eriophorum
Korbblütler
JUNI–SEPT. 50–150 CM ▼

Typisch Die bis zu 7 cm großen Körbchen sind außen spinnwebartig behaart.
Beschreibung Hüllblätter stechend. Blätter fiederspaltig, kräftig bestachelt, unterseits weißflizig behaart.
Verbreitung Auf nährstoffreichen und trockenen Böden bis 2000 m: Weiden, Wege, Waldränder. Zerstreut.

Verschiedenblättrige Kratzdistel

Cirsium helenioides Korbblütler
AUG.–SEPT. 50–150 CM ▼

Typisch Die Hüllblätter der Blütenköpfe stechen nicht.
Beschreibung Stängel und Blattunterseiten weißflizig behaart. Blätter ungeteilt oder mit nach vorne gerichteten Abschnitten. Pflanze nicht stechend.
Verbreitung Feuchte, nährstoffreiche Böden, 1200–2200 m. Wiesen, Hochstaudenfluren, Gebüsche. Häufig.

Kopfiges Kreuzkraut

Tephroseris capitata
Korbblütler
JUNI–AUG. 15–40 CM ▼

Typisch Die Blüten sind kräftig orange-rot.
Beschreibung Körbchen zu 3–10 dicht gedrängt am Stängelende. Blätter graufilzig behaart, Grundblätter kurzgestielt, Stängelblätter sitzend.
Verbreitung Nur in einzelnen Regionen der Alpen, große Verbreitungslücken. Steinige, kalkhaltige Böden. Selten.

Alpen-Berufkraut

Erigeron alpinus
Korbblütler
JULI–AUG. 5–20 CM

Typisch Die Blätter sind ober- und unterseits behaart.
Beschreibung Blütenkörbchen bis 2,5 cm im Durchmesser, zu 1–5 am Stängel, Zungenblüten rosa bis rot, Röhrenblüten gelb. Blätter lanzettlich.
Verbreitung Trockene, nährstoff- und kalkarme Böden bis auf 3000 m: Weiden, Rasen. Zerstreut bis häufig.

Hasenlattich

Prenanthes purpurea
Korbblütler
JULI–SEPT. 30–100 CM

Typisch Die Blütenkörbchen sind aus 3–5 Zungenblüten aufgebaut.
Beschreibung Körbchen zahlreich, in lockeren Rispen. Blätter kahl, am Grund stängelumfassend. Milchsaft.
Verbreitung Gesamte Alpen bis 2000 m, nährstoffreiche, schwach saure Böden, lichte Wälder und Gebüsche, Hochstaudenfluren. Zerstreut.

Gold-Pippau

Crepis aurea
Korbblütler
JUNI–SEPT. 5–25 CM

Typisch Die Blütenkörbchen stehen einzeln an der Spitze der Stängel.
Beschreibung Hüllblätter des Körbchens und oberer Stängel abstehend schwarz behaart. Blätter buchtig gezähnt bis fiederteilig.
Verbreitung Feuchte, nährstoffreiche, meist kalkarme Böden, 1200–2700 m: Wiesen und Weiden. Zerstreut.

Orangerotes Habichtskraut

Hieracium aurantiacum
Korbblütler
JUNI–AUG. 20–50 CM ▼

Typisch Die ganze Pflanze ist lang und abstehend behaart.
Beschreibung Körbchen zu 2–10 doldenartig angeordnet, nur Zungenblüten vorhanden. Stängel mit 1–4 schmallanzettlichen Blättern. Milchsaft.
Verbreitung Nährstoff- und kalkarme Böden, 1200–2500 m: Wiesen und Weiden, steinige Rasen. Zerstreut.

Narzissenblütiger Lauch

Allium narcissiflorum
Amaryllisgewächse
JULI–AUG. 10–40 CM ▼

Typisch Die Blüten sind glockenförmig.
Beschreibung Blüten zu 3–8 in einem doldigen Blütenstand. Stängel rund, im oberen Teil zusammengedrückt 2-kantig. 3–5 Blätter, flach.
Verbreitung Südwestliche Alpen auf Kalkstein zwischen 1500 und 2000 m: Schutthalden und Felsen. Zerstreut bis selten.

Alpen-Schnittlauch

Allium schoenoprasum
Amaryllisgewächse
JUNI–AUG. 15–30 CM

Typisch Die Blätter sind röhrenförmig ausgebildet.
Beschreibung Blütenstand kugelig, bis 5 cm im Durchmesser. Pflanze riecht nach Knoblauch, ähnlich verwendbar wie der kultivierte Schnittlauch.
Verbreitung Auf feuchten, steinigen Böden bis auf 2600 m. Nasse Wiesen, Flachmoore, Ufer. Zerstreut.

Feuer-Lilie

Lilium bulbiferum
Liliengewächse
MAI–JULI 20–100 CM ▼

Typisch Die großen, bis 7 cm langen Blüten sind innen dunkel gefleckt.
Beschreibung Stängel mit vielen schmal-lanzettlichen Blättern, auch Zierpflanze.
Verbreitung Vor allem in den Südwest- und Südalpen, bis auf 2400 m. Nährstoffreiche, warme Böden. Bergwiesen, Wald- und Gebüschränder. Selten.

Hundszahn-Lilie

Erythronium dens-canis
Liliengewächse
FEBR.–APRIL 10–30 CM ▼

Typisch Die 6 Blütenblätter sind nach hinten zurückgeschlagen.
Beschreibung Blüten einzeln auf rotem Stängel. Meist 2 länglich-lanzettliche Blätter, grünbraun gefleckt.
Verbreitung Nur in den Südalpen bis 2000 m auf warmen, trockenen, kalkreichen und steinigen Böden: lichte Wälder und Gebüsche. Selten.

Türkenbund-Lilie

Lilium martagon
Liliengewächse
JUNI–AUG. 30–120 CM ▼

Typisch Purpurne Blütenblätter, nach oben zurückgeschlagen und eingerollt.
Beschreibung Blüten mit dunklen Punkten, in 3–15-blütigen, endständigen Trauben. Blätter quirlständig.
Verbreitung Auf nährstoffreichen, steinigen, meist kalkhaltigen Böden bis auf 2000 m: lichte Wälder und Gebüsche, Hochstaudenfluren. Zerstreut.

Alpen-Schachblume

Fritillaria tubiformis
Liliengewächse
JULI–AUG. 10–30 CM ▼

Typisch Die roten Blütenblätter haben ein schachbrettartiges Muster.
Beschreibung Blüten einzeln, endständig und nickend. Blätter zu 4–6 am Stängel, ohne Grundblätter, grasartig, graugrün.
Verbreitung Nur in den Südwestalpen bis auf 2100 m, auf kalk- und nährstoffreichen Rasen und Wiesen. Selten.

Alpen-Herbstzeitlose

Colchicum alpinum
Zeitlosengewächse
JULI–AUG. 7–15 CM ☠

Typisch Der untere Teil der Blüten ist zu einer langen Röhre verwachsen.
Beschreibung Blütenzipfel 2–3 cm lang. Krokusartige Blätter erst im Herbst erscheinend und Pflanze im Frühjahr fruchtend. Stark giftig!
Verbreitung Südwestalpen bis auf 2000 m. Wiesen und Weiden. Zerstreut bis häufig.

Mont-Cenis-Hauhechel

Ononis cristata
Schmetterlingsblütler
JUNI–SEPT. 5–20 CM

Typisch Die Blüten sind zweifarbig mit weißem Schiffchen und Flügeln sowie rot-weiß gestreifter Fahne.
Beschreibung Pflanze ohne Dornen, drüsig behaart. Blätter dreizählig mit gesägten Teilblättern.
Verbreitung Südwestliche Alpen, nur Frankreich und Italien. Felsfluren und lichte Wälder bis 2500 m. Selten.

Alpen-Klee

Trifolium alpinum
Schmetterlingsblütler
JUNI–AUG. 5–20 CM

Typisch Der Alpen-Klee hat die größten Klee-Blüten mit bis zu 2,5 cm Länge.
Beschreibung Blüten zu 3–15 im einem lockeren, bis zu 5 cm breiten Köpfchen. Blätter kahl, 3 Teilblätter, schmal-lanzettlich.
Verbreitung Schwerpunkt in den Zentralalpen auf kalkarmen Magerrasen. Hier häufig, sonst selten.

Purpur-Klee

Trifolium rubens
Schmetterlingsblütler
JUNI–JULI 20–60 CM ▼

Typisch Die Blüten sitzen in 3–7 cm langen, dichten Ähren zusammen.
Beschreibung Kelchzähne lang und zottig behaart. Blätter kahl, 3 Teilblätter, schmal-lanzettlich.
Verbreitung Trockene, sandige Böden. Lichte Wälder und Gebüsche zwischen 500 und 2000 m, vor allem zentrale und südliche Ketten. Selten.

Alpen-Süßklee

Hedysarum hedysaroides
Schmetterlingsblütler
JULI–AUG. 10–40 CM

Typisch Die Einzelblüten hängen im bis zu 10 cm langen Blütenstand nach unten.
Beschreibung Blätter unpaarig gefiedert, mit 9–19 Teilblättchen. Hülsen eingeschnürt, erinnern an Perlenketten.
Verbreitung Gesamte Alpen, vor allem auf Kalk, bis auf 2800 m: Magerrasen, Weiden. Zerstreut bis selten.

Berg-Esparsette

Onobrychis montana
Schmetterlingsblütler
JUNI–AUG. 10–40 CM

Typisch Die Kelchzähne sind 2–3-mal länger als die Kelchröhre.
Beschreibung Blätter unpaarig gefiedert, mit 7–15 Teilblättchen. Teilblättchen schmal-eiförmig.
Verbreitung Schwerpunkt in den westlichen Alpen bis 2000 m, ostwärts bis Tirol und Trentino. Trockene, kalkreiche Böden auf Wiesen und Weiden. Häufig.

Alpen-Steinquendel

Acinos alpinus
Lippenblütler
JUNI–SEPT. 10–30 CM

Typisch Zerrieben riecht die ganze Pflanze nach Minze.
Beschreibung Blüten bis 2,5 cm lang, außen behaart, innen mit halbkreisförmiger, weißer Zeichnung. Blätter ganzrandig oder mit 1–3 Zähnen, kurz behaart.
Verbreitung Kalkgebiete bis 2500 m: steinige Rasen, Felsschutt. Zerstreut.

Alpen- Ziest

Stachys alpina
Lippenblütler
JULI–SEPT. 40–100 CM

Typisch Die Blüten sind braunrot und zottig behaart.
Beschreibung Pflanze ohne Grundblätter. Stängel leicht klebrig, Stängelblätter kurz gestielt und behaart.
Verbreitung Nährstoff- und kalkreiche Böden zwischen 600 und 2000 m: Hochstauden- und Lägerfluren, lichte Wälder. Zerstreut.

Alpen-Betonie

Stachys pradica
Lippenblütler
JULI–SEPT. 10–30 CM

Typisch Die Blüten stehen in einem kopfigen Blütenstand dicht zusammen.
Beschreibung Pflanze mit einer Blattrosette und 2–3 paarigen Stängelblättern, Blätter weich behaart, am Rand deutlich gekerbt.
Verbreitung Nährstoffarme und trockene Böden, 1200–2500 m: Bergwiesen, Zwergstrauchheiden. Selten.

Edel-Gamander

Teucrium chamaedrys
Lippenblütler
JULI–AUG. 15–30 CM

Typisch Die Oberlippe der Blüte fehlt.
Beschreibung Blüten meist zu einer Seite ausgerichtet. Blätter tief gekerbt mit stumpfen Zähnen, wie der Stängel weich und wollig behaart.
Verbreitung Nährstoff- und kalkreiche, warme Böden zwischen 600 und 1700 m: trockene Wälder, steinige Rasen. Zerstreut.

Gebirgs-Thymian

Thymus praecox ssp. *polytrichus*
Lippenblütler
JUNI–SEPT. 3–15 CM

Typisch Pflanze riecht nach Hustentee.
Beschreibung Pflanze rasenbildend. Stängel vierkantig, auf zwei Seiten behaart. Blätter nach oben größer werdend. Bestandteil vieler Hustenarzneien. Viele ähnliche, schwer unterscheidbare Arten.
Verbreitung Auf trockenen Böden, bis auf 3000 m. Besonders auf Kalk häufig.

Kerners Läusekraut

Pedicularis kerneri
Sommerwurzgewächse
JUNI–AUG. 5–15 CM ▼ (☠)

Typisch Die behaarten Stängel steigen bogig auf.
Beschreibung Oberlippe als Schnabel ausgebildet. Unterlippe kahl. Wie alle Läusekräuter auf anderen Pflanzen schmarotzend.
Verbreitung Zentrale Alpen, östlich bis Hohe Tauern. Kalkarmer Felsschutt und Magerrasen zwischen 1800 und 3000 m.

Gestutztes Läusekraut

Pedicularis recutita
Sommerwurzgewächse
JUNI–AUG. 20–50 CM ▼ (☠)

Typisch Der Blütenstand wirkt wie oben abgeschnitten.
Beschreibung Blüten in zylindrischer Traube, braunrot, Oberlippe nicht geschnäbelt. Blattabschnitte fiederteilig.
Verbreitung Feuchte, nährstoffreiche und kalkarme Böden, 1200–2500 m: Hochstaudenfluren, an Quellen und Bächen. Selten.

Rosafarbenes Läusekraut

Pedicularis rosea
Sommerwurzgewächse
JUNI–AUG. 5–15 CM ▼ (☠)

Typisch Der Stängel ist im oberen Teil weiß-wollig behaart.
Beschreibung Blüten rosa, Oberlippe nicht geschnäbelt. Blätter gefiedert, mit Abstand zwischen den Teilblättern.
Verbreitung Südwestalpen sowie nördliche und südliche Kalkalpen bis 2900 m vorkommend: Felsspalten und Schutthalden. Sehr selten.

Geschnäbeltes Läusekraut

Pedicularis rostratocapitata
Sommerwurzgewächse
JUNI–AUG. 5–15 CM ▼ (☠)

Typisch Der Blütenstand ist kopfigkugelig.
Beschreibung Oberlippe mit Schnabel. Unterlippe am Rand bewimpert. Stängelblätter fast gegenständig, kahl. Blätter gefiedert, Teilblättchen fiederteilig.
Verbreitung Ostalpenpflanze, vorwiegend auf Kalk, 1200–2500 m. Steinige Böden: lückige Rasen. Zerstreut.

Fleischrotes Läusekraut

Pedicularis rostratospicata
Sommerwurzgewächse
JULI–AUG. 20–40 CM ▼ (☠)

Typisch Der Blütenstand ist ährenartig verlängert.
Beschreibung Oberlippe als Schnabel ausgebildet, Unterlippe kahl. Stängel wechselständig beblättert. Blätter fiederteilig, Teilblättchen eingeschnitten.
Verbreitung Zwischen 2000 und 2700 m, Magerrasen, steinige Weiden, Felsschutt. Zerstreut bis selten.

Quirlblättriges Läusekraut

Pedicularis verticillata
Sommerwurzgewächse
JUNI–AUG. 5–20 CM ▼ (☠)

Typisch Nur bei diesem Läusekraut stehen die Stängelblätter zu 3–4 in einem Quirl zusammen.
Beschreibung Blüten in einer dichten, kopfigen Traube, Unterlippe dreiteilig. Blätter fiederteilig, Grundblätter rosettig.
Verbreitung Bis 2800 m auf nährstoffarmen, meist kalkhaltigen Böden, auf Weiden und Rasen. Zerstreut.

Geflecktes Knabenkraut

Dactylorhiza maculata
Orchideengewächse
JUNI–JULI 20–60 CM ▼

Typisch Die Blüten sind hellrosa mit dunkleren Strichen und Punkten.
Beschreibung Blütenstand und Sporn walzlich, Lippe dreiteilig mit spitzem Mittellappen. Stängel dünn, nicht oder kaum hohl. Blätter gefleckt.
Verbreitung Ungedüngte wechselfeuchte Wiesen und Weiden bis auf 2000 m. Zerstreut. Ähnliche Arten.

Breitblättriges Knabenkraut

Dactylorhiza majalis
Orchideengewächse
MAI–JULI 20–60 CM ▼

Typisch Die Blätter sind auf der Oberseite meist braunrot gefleckt.
Beschreibung Blütenstand walzlich, Blüten purpurrot, mit dunklerer Zeichnung. Stängel dick und hohl. Blätter 3–6-mal so lang wie breit.
Verbreitung Nasse Böden, meist auf Kalk, bis 2300 m: Flachmoore, nasse Wiesen und Weiden. Zerstreut.

Blutrotes Knabenkraut

Dactylorhiza incarnata ssp. *cruenta*
Orchideengewächse
JUNI–JULI 15–35 CM ▼

Typisch Die Blätter sind auf der Unter- und Oberseite gefleckt.
Beschreibung Pflanze oft blutrot überlaufen. Tragblätter der Blüten aufwärts gebogen und länger als diese. Lippe der Blüten mit Zipfel in der Mitte. Blätter spitz-eiförmig.
Verbreitung Kalkreiche Feuchtwiesen und Flachmoore bis 2500 m. Selten.

Braunrote Sumpfwurz

Epipactis atrorubens
Orchideengewächse
JUNI–JULI 20–50 CM ▼

Typisch Die Blüten duften nach Vanille.
Beschreibung Blüten rotbraun mit gelbem Zentrum (Staubgefäß), Lippe im vorderen Teil mit zwei Höckern. Blätter länglich-eiförmig, fast zweizeilig.
Verbreitung Vor allem nördliche und südliche Ketten. Kalkreiche, trockene Böden bis 2000 m: lichte Wälder, Latschengebüsche. Selten.

Mücken-Händelwurz

Gymnadenia conopsea
Orchideengewächse
MAI–AUG. 10–60 CM ▼

Typisch Der Blütenstand ist sehr lang und immer mit einfarbigen Blüten ohne Zeichnung.
Beschreibung Blüten mit langem Sporn, hell- bis dunkelrosa, kaum duftend, Lippe mit gleich langen Zipfeln. Blätter breit linealisch, bis 11 mm breit.
Verbreitung Auf meist kalkreichen Wiesen, bis 2800 m. Zerstreut bis häufig.

Wohlriechende Händelwurz

Gymnadenia odoratissima
Orchideengewächse
JUNI–AUG. 15–50 CM ▼

Typisch Die Blätter sind schmal, fast grasartig.
Beschreibung Blüten mit langem Sporn, hell- bis dunkelrosa, stark duftend, Lippe mit langem mittleren Zipfel. Blätter bis 7 mm breit.
Verbreitung Nur auf kalkreichen, meist feuchten Böden, bis 2700 m. Zerstreut, in den zentralen Alpen. Sehr selten.

Schwarzes Kohlröschen

Gymnadenia rhellicani
Orchideengewächse
JUNI–AUG. 10–30 CM ▼

Typisch Die Blüten sind dunkelrot und wirken von Weitem fast schwarz.
Beschreibung Ähren dicht und fast kugelig bis pyramidal. Lippe nach oben gebogen. Blätter schmal, fast grasähnlich. Pflanze riecht nach Vanille.
Verbreitung Bis auf 2800 m. Magere und meist kalkhaltige Böden: steinige Bergwiesen, Rasen. Selten.

Rotes Kohlröschen

Nigritella rubra
Orchideengewächse
MAI–JULI 10–30 CM ▼

Typisch Die Blüten sind einfarbig leuchtend rot.
Beschreibung Ähren dicht und eiförmig bis kugelig. Lippe nach oben gebogen. Blätter schmal, fast grasähnlich.
Verbreitung Bis auf 2600 m. Magere und kalkhaltige Böden: steinige Bergwiesen, Rasen. Selten.

Männliches Knabenkraut

Orchis mascula
Orchideengewächse
MAI–JULI 20–50 CM ▼

Typisch Die Blüten stehen in einem langen, zylindrischen Blütenstand.
Beschreibung Blüten mit langem, nach oben gerichtetem Sporn. Rotviolett, gelegentlich weiß, einige dunkle Punkte. Blätter rosettig mit dunklen Flecken.
Verbreitung Nährstoffarme, trockene und oft kalkarme Böden bis 2600 m: Wiesen, Trockenrasen, Gehölze. Zerstreut.

Brand-Knabenkraut

Orchis ustulata
Orchideengewächse
JUNI–JULI 10–30 CM ▼

Typisch Der Blütenstand ist auf der Oberseite dunkelbraunrot, fast schwärzlich.
Beschreibung Lippe mit gespaltenem Mittellappen (erinnert an ein kleines Männchen), weißlich-rot gesprenkelt.
Verbreitung Nährstoffarme, meist trockene und kalkhaltige Böden bis 2000 m: sonnige Wiesen, Trockenrasen.

Kugel-Knabenkraut

Traunsteinera globosa
Orchideengewächse
JUNI–JULI 20–50 CM ▼

Typisch Die Pflanze wirkt sehr schlank.
Beschreibung Blütenstand dicht, kugelig bis eiförmig, Lippe mit dunklen Punkten. Einige Blütenblätter mit verlängerten, vorne löffelartigen Enden. Blätter schmal und aufrecht, blaugrün.
Verbreitung Nährstoffarme, etwas feuchte und kalkhaltige Böden, bis 2800 m: Bergwiesen. Zerstreut.

Weißer Alpen-Mohn

Papaver alpinum ssp. *sendtneri*
Mohngewächse
JULI–AUG. 5–15 CM ▼

Typisch Der Stängel ist angedrückt behaart.
Beschreibung Blüten bis 5 cm groß, Grundblätter 1–2-fach gefiedert und zugespitzt. Pflanze mit weißem Milchsaft.
Verbreitung In den Nordalpen bis 2600 m, Zentralschweiz und östlich. Kalkreiches Geröll und Schutt. Ähnliche Arten in den West- und Südalpen.

Alpen-Gänsekresse

Arabis alpina
Kreuzblütler
MAI–SEPT. 10–40 CM

Typisch Alle Blätter sind rau behaart.
Beschreibung Pflanze in lockeren Polstern. Blüten in einer doldigen Traube, bis 1,5 cm im Durchmesser. Blätter grob gezähnt, oben stängelumfassend.
Verbreitung Steinige, kalkreiche Böden zwischen 1200 und 3200 m. In den Kalkalpen häufig, sonst selten.

Zwerg-Gänsekresse

Arabis belliolifolia
Kreuzblütler
JUNI–AUG. 5–20 CM

Typisch Im Vergleich zur Blattrosette wirkt der Blütenstand sehr groß.
Beschreibung Grundblätter rauhaarig, am Rand mit zweiteiligen Haaren, Stängelblätter an der Basis abgerundet, sitzend. Schoten flach und geflügelt.
Verbreitung Kalkgebiete der Alpen bis auf 3000 m: Felsspalten und -schutt. Zerstreut.

Glänzende Gänsekresse

Arabis soyeri
Kreuzblütler
JULI–AUG. 10–25 CM

Typisch Die Blätter glänzen auffällig.
Beschreibung Grundständige Blätter ganzrandig oder mit wenigen Zähnen, fast kahl, höchstens mit vereinzelten Haaren. Schoten schräg nach oben gerichtet.
Verbreitung Nasse, kalkhaltige Böden bis 2800 m: Quellfluren und Bachufer, überrieselte Felsen. Zerstreut.

Alpen-Schotenkresse

Braya alpina
Kreuzblütler
JUNI–AUG. 5–15 CM ▼

Typisch Blätter schmal und länglich.
Beschreibung Blüten weiß bis rosa. Nach dem Trocknen violett. Stängel behaart, oft rot überlaufen. Früchte bis 12 mm lang.
Verbreitung Nur in den zentralen Ostalpen, bis auf 3000 m auf trockenen, basenreichen Böden: steinige, lückige Rasen, Moränen. Selten.

Alpen-Schaumkraut

Cardamine alpina
Kreuzblütler
JULI–AUG. 3–12 cm

Typisch Die Blüten überragen die Blätter nur wenig.
Beschreibung Blätter alle ungeteilt, meist ganzrandig, auch lappig gezähnt, erinnern an Buchsbaumblätter.
Verbreitung Vor allem in den Zentralalpen auf kalkarmen, feuchten Böden: Schneetälchen, Quellfluren, Weiden. Auf Kalk selten.

Bitteres Schaumkraut

Cardamine amara
Kreuzblütler
MAI–JULI 10–50 CM

Typisch Nur bei diesem Schaumkraut sind die Staubblätter violett.
Beschreibung Blütenstand in einer doldigen Traube. Blüten bis 1,2 cm im Durchmesser. Blätter gefiedert, mit 4–10 Fiederpaaren.
Verbreitung In den gesamten Alpen bis auf 2500 m, auf nassen Böden: Quellfluren, an Bächen und Gräben. Zerstreut.

Resedenblättriges Schaumkraut

Cardamine resedifolia Kreuzblütler
MAI–AUG. 3–15 CM

Typisch Die Grundblätter stehen in einer Rosette, die unteren sind ganzrandig, die oberen dreiteilig.
Beschreibung Stängelblätter meist 5-teilig, umfassen am Blattansatz mit 2 Anhängseln (= Öhrchen) den Stängel.
Verbreitung Steinige, erdige und kalkfreie Böden zwischen 1200 und 3200 m. Zerstreut, in den Nordalpen selten.

Kärntner Felsenblümchen

Draba siliquosa
Kreuzblütler
JUNI–AUG. 3–12 CM ▼

Typisch Die kleinen Rosettenblätter sind lanzettlich und behaart.
Beschreibung Blüten klein, 4–6 mm im Durchmesser. Stängel meist beblättert, oben nicht behaart. Schötchen kahl.
Verbreitung Bis auf 2400 m, steinige und kalkhaltige, exponierte Böden: Felsen, Grate, Schutt. Zerstreut.

Filziges Felsenblümchen

Draba tomentosa
Kreuzblütler
JUNI–AUG. 3–8 CM ▼

Typisch Die Blätter, Stängel und Schötchen sind dicht filzig behaart.
Beschreibung Blüten 7–10 mm im Durchmesser, Grundblätter eiförmig, in dichter Rosette angeordnet, graugrün.
Verbreitung Trockene, kalkhaltige Böden bis auf 3400 m: Felsspalten und -schutt, Grate, gerne windexponiert. Selten.

Felsen-Schleifenblume

Iberis saxatilis
Kreuzblütler
APRIL–JUNI 5–15 CM

Typisch Durch zwei längere Kronblätter wirken die Blüten wie Schleifen.
Beschreibung Doldenartiger Blütenstand, wächst zur Fruchtzeit deutlich höher. Blätter linealisch mit einer Stachelspitze.
Verbreitung Nur in den Südwestalpen bis auf 2000 m. Steinige Rasen auf trockenen und kalkhaltigen Felsböden. Selten.

Kugelschötchen

Kernera saxatilis
Kreuzblütler
JUNI–AUG. 10–40 CM

Typisch Über einer kleinen Rosette aus Grundblättern erheben sich hohe, feine und lockere Blütenstände.
Beschreibung Grundblätter und Stängel in der unteren Hälfte behaart. Schötchen fast kugelig, 2–3 mm breit, kahl.
Verbreitung Bis 2700 m, auf kalkreichen Böden. In den Kalkalpen häufig, sonst selten.

Alpen-Gemskresse

Pritzelago alpina
Kreuzblütler
MAI–AUG. 3–15 CM

Typisch Die Rosettenblätter sind 5–11-teilig und fleischig.
Beschreibung Dichter, doldenartiger Blütenstand zur Fruchtzeit deutlich verlängert. Schötchen 4–5 mm langspitz-oval und abgeflacht, kahl.
Verbreitung Vor allem auf Felsschutt in den Kalkgebieten, bis auf 3200 m. Zerstreut.

Gebirgs-Hellerkraut

Thlaspi caerulescens
Kreuzblütler
APRIL–JUNI 15–40 CM

Typisch Die Stängelblätter sind am Grund geöhrt und stängelumfassend.
Beschreibung Blüten kopfig zusammengezogen, violette Staubbeutel. Blätter blaugrün, kahl.
Verbreitung In den Alpen bis auf 2000 m, mit Schwerpunkt Westalpen. Kalkreiche Böden auf Wiesen und Weiden. Zerstreut bis selten.

Alpen-Leinblatt

Thesium alpinum
Leinblattgewächse
JUNI–JULI 10–25 CM

Typisch Die meist 4-zähligen Blüten sind von außen grün.
Beschreibung Blüten einseitswendig, darunter ein Hochblattquirl. Ästchen zur Fruchtzeit aufrecht abstehend. Blätter lang und schmal.
Verbreitung Nährstoff- und kalkreiche Böden bis 3000 m: lichte Wälder und Gebüsche, Trockenrasen. Zerstreut.

Alpen-Seidelbast

Daphne alpina
Seidelbastgewächse
MAI–JUNI 10–50 CM ▼ ☠

Typisch Der Kleinstrauch duftet nach Vanille.
Beschreibung Blüten kurz gestielt, Blütenblätter zugespitzt, außen behaart. Blätter an den Zweigenden büschelig gehäuft, Oberseite graugrün. Rinde behaart und runzelig. Rote Beere. Giftig!
Verbreitung Warme, trockene und steinige Böden auf Kalk, bis 2000 m. Selten.

Alpen-Labkraut

Galium anisophyllon
Rötegewächse
JULI–SEPT. 5–20 CM

Typisch Doldige Blütenstände in den Achsen der Quirle länger als die Blätter.
Beschreibung Pflanze bildet kaum Ausläufer. Blätter am vierkantigen Stängel zu je (7–)8 in Quirlen angeordnet.
Verbreitung Nährstoffarme, trockene und kalkhaltige Böden zwischen 1200 und 2500 m: Wiesen und Weiden, Felsschutt. Zerstreut.

Schweizer Labkraut

Galium megalospermum
Rötegewächse
JULI–SEPT.

Typisch Weit kriechende Ausläufer festigen den Boden.
Beschreibung Blütenstände in den Achsen der Quirle so lang wie die Blätter, Blüten gelblich-weiß. Blätter am vierkantigen Stängel zu je 6(–7) in Quirlen angeordnet.
Verbreitung Steinige, kalkhaltige Böden, 1800 und 2600 m: Felsschutt. Zerstreut.

Eisenhutblättriger Hahnenfuß

Ranunculus aconitifolius
Hahnenfußgewächse
MAI–JULI 20-70 CM ▼ ☠

Typisch Die handförmig geteilten Blätter ähneln dem Eisenhut.
Beschreibung Blüten gestielt. Stängel unter den Blüten behaart. Blätter handförmig 3–5-teilig, der mittlere Abschnitt ist frei.
Verbreitung Auf nassen, nährstoffreichen Böden zwischen 600 und 2500 m: Ufer, Wiesen und Weiden. Häufig.

Platanenblättriger Hahnenfuß

Ranunculus platanifolius
Hahnenfußgewächse
JUNI–JULI 40–120 CM ▼ ☠

Typisch Der mittlere Abschnitt der Blätter ist ungestielt. Ähnlich dem Eisenhutblättrigen Hahnenfuß, aber größer.
Beschreibung Blüten langgestielt, Stängel unter den Blüten kahl. Blätter handförmig 5–7-teilig.
Verbreitung Feuchte, nährstoffreiche Böden in Wäldern und Hochstaudenfluren, 1200 und 2000 m. Zerstreut.

Gletscher-Hahnenfuß

Ranunculus glacialis
Hahnenfußgewächse
JULI–AUG. 5–20 CM ▼ ☠

Typisch Nach der Blüte werden die Kronblätter oft rötlich und bleiben lange erhalten.
Beschreibung Blüten bis 3 cm im Durchmesser, Kelchblätter rotbraun behaart. Blätter fleischig, bis zum Grunde 3-teilig.
Verbreitung Mit über 4200 m eine der am höchsten steigenden europäischen Blütenpflanzen.

Alpen-Hahnenfuß

Ranunculus alpestris
Hahnenfußgewächse
JUNI–AUG. 5–10 CM ▼ ☠

Typisch Die Grundblätter glänzen fettig.
Beschreibung Blütenblätter ausgerandet, einzeln (max. 2) am Stängelende. Grundblätter rundlich, 3–5-lappig.
Verbreitung Überwiegend kalkhaltige Böden der äußeren Ketten zwischen 1700 und 2900 m, feuchte, steinige Böden: Schneetälchen, offene Rasen. Zerstreut.

Herzblättriger Hahnenfuß

Ranunculus parnassifolius
Hahnenfußgewächse
JUNI–AUG. 5–20 CM ▼ ☠

Typisch Die Blätter sind rundlich-herzförmig.
Beschreibung Blüten bis 2,5 cm im Durchmesser, nach der Blüte rötlich überlaufen. Stängel oben filzig behaart. Blätter blaugrün.
Verbreitung Feuchte, kalkhaltige Böden zwischen 1800 und 3000 m: feiner Felsschutt, Geröll. Selten.

Kuepfers Hahnenfuß

Ranunculus kuepferi
Hahnenfußgewächse
JUNI–AUG. 5–20 CM ▼ ☠

Typisch Die Blätter sind schmal-länglich, fast grasartig.
Beschreibung Blütenstand meist 1-blütig. Blüten bis 3 cm breit. Blätter parallelnervig, ganzrandig und kahl.
Verbreitung Vor allem in den zentralen und südlichen Alpen bis 3000 m. Feuchte und kalkarme Böden: Weiden und Rasen. Zerstreut, im Norden selten.

Gewimpertes Sandkraut

Arenaria ciliata
Nelkengewächse
JULI–AUG. 3–10 CM

Typisch Blüten zu 3–5 am Stängel.
Beschreibung Pflanze bildet lockere Rasen. Blüten bis 1 cm im Durchmesser. Blätter zugespitzt, 3–4-mal so lang wie breit, am Rand bewimpert.
Verbreitung Bis auf über 3000 m. Kalkreiche, feuchte und steinige Standorte: Rasen und Felsschutt. Häufig.

Alpen-Hornkraut

Cerastium alpinum
Nelkengewächse
JULI–AUG. 5–15 CM

Typisch Die ganze Pflanze ist weich behaart.
Beschreibung Blüten zu 1–3 am Stängel, kurzgestielt, Kronblätter leicht eingeschnitten, Kelch mit Drüsenhaaren. Blätter etwa 1 cm lang, graugrün.
Verbreitung Vor allem in den Westalpen auf kalkarmen Böden. Steinige Rasen, Felsspalten und -schutt. Zerstreut.

Acker-Hornkraut

Cerastium arvense
Nelkengewächse
MAI–AUG. 5–15 CM

Typisch Die Kronblätter sind mit bis zu 22 mm im Durchmesser besonders groß.
Beschreibung Kronblätter deutlich eingeschnitten. Blätter sehr schmal und lang zugespitzt, grün.
Verbreitung In den gesamten Alpen bis auf 2800 m: auf Wiesen und Weiden, steinigen Hängen, an Mauern. Häufig.

Dreigriffeliges Hornkraut

Cerastium cerastoides
Nelkengewächse
JULI–AUG. 5–15 CM

Typisch Die Blätter sind kahl.
Beschreibung Pflanze kriechend, blühende Triebe aufrecht. Blätter fleischig, bis 1 cm lang.
Verbreitung Bis auf 2800 m, an feuchten, nährstoffreichen, lange von Schnee bedeckten Stellen: Schneetälchen, Quellfluren. Häufig.

Breitblättriges Hornkraut

Cerastium latifolium
Nelkengewächse
JULI–AUG. 5–10 CM

Typisch Blätter kurz behaart und zugespitzt. In der Mitte am breitesten.
Beschreibung Blüten zu 1–3 am Stängel, lang gestielt, Kronblätter nur leicht eingeschnitten bis ausgerandet. Blätter eiförmig-lanzettlich.
Verbreitung Zwischen 1700 und 3400 m, auf feuchten, kalkreichen Böden mit wenig Feinerde. Zerstreut.

Einblütiges Hornkraut

Cerastium uniflorum
Nelkengewächse
JULI–AUG. 3–15 CM

Typisch Die 3–5 Blüten am Stängel wirken fast doldenartig.
Beschreibung Pflanze dichtrasig. Blätter etwa 1,5 cm lang, stumpf, oben am breitesten.
Verbreitung Zwischen 2000 und 3400 m, auf kalkarmen Böden: steinige Rasen, Schutt- und Geröllflächen. Zentrale Alpenketten häufig, sonst selten.

Kriechendes Gipskraut

Gypsophila repens
Nelkengewächse
MAI–AUG. 7–25 CM

Typisch Am Rand sind die Kronblätter gestutzt oder leicht eingedrückt.
Beschreibung Pflanze mit vielen nicht blühenden Trieben. Blütenstand lockerrispig. Blüten weiß bis rosa. Blätter bereift und kahl.
Verbreitung In den gesamten Alpen auf Kalk bis auf 3000 m, auf steinigen Böden, Schutt, Geröll und Felsen. Häufig.

Frühlingsmiere

Minuartia verna
Nelkengewächse
MAI–AUG. 5–15 CM ▼

Typisch Die Blätter erinnern an Nadeln.
Beschreibung Pflanze wächst in lockeren Rasen Blüten bis 1 cm im Durchmesser, Kronblätter abgerundet, Kelchblätter 3-nervig.
Verbreitung In den gesamten Alpen auf feuchten und kalkhaltigen Böden bis auf 3200 m: steinige Rasen, Felsschutt, Geröll. Häufig.

Wimper-Nabelmiere

Moehringia ciliata
Nelkengewächse
JUNI–AUG. 3–20 CM

Typisch Am Rand sind die nadelförmigen Blätter bewimpert.
Beschreibung Pflanze kriechend. Blüten zu 1–3 am Stängel, Kronblätter schmal. Blätter spitz und dicklich.
Verbreitung Gesamte Alpen, vor allem auf Kalk, bis über 3000 m, feuchte, kalkreiche Steinböden. Weitere ähnliche Arten. Häufig.

Alpen-Mastkraut

Sagina saginoides
Nelkengewächse
JUNI–AUG. 2–8 CM

Typisch Die Kronblätter sind kürzer als die Kelchblätter.
Beschreibung Blüten klein, bis 8 mm im Durchmesser. Blätter bis 20 mm lang, schmal und lang zugespitzt.
Verbreitung In den gesamten Alpen auf feuchten und kalkarmen Böden bis auf 3200 m: Schneetälchen, Quellfluren, Magerrasen. Zerstreut bis häufig.

Vierzähniger Strahlensame

Silene pusilla
Nelkengewächse
JULI–SEPT. 5–20 CM

Typisch Nach außen zeigen die Kronblätter meist vier Zähnchen.
Beschreibung Blüten lang gestielt. Stängel verzweigt, im oberen Teil klebrig. Blätter 1–2 mm breit, bis 3 cm lang.
Verbreitung In den Kalkgebirgen zwischen 800 und 2400 m. Feuchte, oft überrieselte Böden: Felsschutt und -spalten, Geröll. Zerstreut.

Felsen-Leimkraut

Silene rupestris
Nelkengewächse
JUNI–AUG. 10–25 CM ▼

Typisch Die Blätter sind blaugrün und nicht behaart.
Beschreibung Lockerer, verzweigter Blütenstand mit wenigen Blüten, Kronblätter ausgerandet. Blätter bis 2 cm lang.
Verbreitung Zentrale und südliche Alpen auf kalkarmen Böden bis auf 2600 m: felsige Hänge, steinige Rasen, Felsspalten. Zerstreut.

Gewöhnliches Leimkraut

Silene vulgaris
Nelkengewächse
JUNI–SEPT. 20–50 CM

Typisch Der Kelch der Blüten wirkt wie aufgeblasen.
Beschreibung Blüte bis 22 mm im Durchmesser. Kronblätter tief eingeschnitten, weiß, selten rosa. Blätter kahl und deutlich bereift.
Verbreitung Vom Flachland bis auf 2800 m. Trockene und nährstoffarme Böden: Wiesen, Schutthalden. Häufig.

Zweiblütiges Sandkraut

Arenaria biflora Nelkengewächse
JULI–AUG. 1–25 CM

Typisch Am Stängel befinden sich je 1–2 Blüten.
Beschreibung Pflanze rasig wachsend (Ausläufer). Blüten wie bei allen Sandkräutern mit 3 Griffeln. Blätter abgerundet, nur am Blattstiel bewimpert.
Verbreitung Vor allem in den zentralen Alpenketten zwischen 1700 und 3100 m. Kalkarme, lange schneebedeckte Böden. Häufig.

Nickendes Leimkraut

Silene nutans
Nelkengewächse
JUNI–AUG. 20–60 CM

Typisch Der Stängel fühlt sich im oberen Teil klebrig an.
Beschreibung Blüten alle zu einer Seite geneigt und nickend. Kronblätter oft nach oben gerollt, tief eingeschnitten.
Verbreitung Bis auf 2400 m. Auf trockenen, nährstoffarmen Böden: lichte Wälder, trockene Wiesen. Zerstreut bis häufig.

Alpen-Knöterich

Polygonum alpinum
Knöterichgewächse
JUNI–JULI 30–60 CM

Typisch Blüten in einer lockeren, fast pyramidenartigen Rispe.
Beschreibung Blüten weißgelb bis rosa. Blätter lanzettlich, bis 15 cm lang, auf der Unterseite heller.
Verbreitung Vor allem West- und Südalpen, bis auf 2200 m, nährstoffreiche, basenarme Böden: Wiesen, Gebüsche. Zerstreut bis selten.

Knöllchen-Knöterich

Bistorta vivipara Knöterichgewächse
JUNI–AUG. 5–25 CM

Typisch Die Pflanze verbreitet sich durch Brutknöllchen, die im unteren Teil der Blütenstände sitzen.
Beschreibung Blüten gelegentlich rosa. Blätter bis 8 cm lang, schmal-lanzettlich, unterseits graugrün, umgebogener Rand.
Verbreitung Nährstoffarme Böden bis auf 3000 m: Wiesen, Weiden, Flachmoore. Häufig.

Alpen-Bärentraube

Arctostaphylos alpinus
Heidekrautgewächse
MAI–JUNI 5–20 CM

Typisch Die Blätter des sommergrünen Zwergstrauchs sind am Rand bewimpert.
Beschreibung Blüten glockenförmig, zu 2–5, weißgrün bis rosa; Blätter dünn, fein gesägt. Reife Beeren schwarz.
Verbreitung Auf humosen Böden zwischen 1800 und 2600 m: Heiden, lichte Nadelwälder, Latschengebüsche. Zerstreut.

Immergrüne Bärentraube

Arctostaphylos uva-ursi
Heidekrautgewächse
MAI–JULI 5–15 CM ▼ (☠)

Typisch Der immergrüne Zwergstrauch bildet Polster und hat ledrige Blätter.
Beschreibung Blüten glockenförmig, zu 3–10 überhängend, weiß bis rosa. Blätter flach, dunkelgrün und ganzrandig. Reife Beeren rot. Alte Heilpflanze.
Verbreitung 600–2700 m, trockene, nährstoffarme Böden: Heiden, Weiden. Häufig.

Einblütiges Wintergrün

Moneses uniflora
Heidekrautgewächse
JUNI–AUG. 5–15 CM ▼

Typisch Der Blütenstand erinnert an einen kleinen Sonnenschirm.
Beschreibung Blüten einzeln, bis 2 cm groß. Blätter in einer Rosette, rundlich, gesägt. Zur Fruchtzeit Kapsel aufrecht.
Verbreitung Nährstoff- und kalkarme, humose und moosreiche Böden in Nadelwäldern, zwischen 1200 und 2000 m. Zerstreut.

Einseitswendiges Wintergrün, Birngrün

Orthilia secunda
Heidekrautgewächse
JUNI–JULI 10–25 CM ▼

Typisch Die glockenartigen Blüten neigen sich alle in eine Richtung.
Beschreibung Blüte glockig bis halbkugelig, gelbgrün-weißlich. Blätter im unteren Stängeldrittel, schwach gesägt.
Verbreitung Humus- und moosreiche Wälder und Zwergstrauchheiden zwischen 600 und 2300 m. Selten.

Rundblättriges Wintergrün

Pyrola rotundifolia
Heidekrautgewächse
JUNI–SEPT. 10–30 CM ▼

Typisch Im Gegensatz zum Birngrün stehen die Blüten zu allen Seiten ab.
Beschreibung Blüten zu 8–30, nickend, glockig-offen. Stängel grün. Blätter rundlich, 2–3 cm lang, am Blattstiel oft herzförmig.
Verbreitung In humosen, bodensauren Wäldern zwischen 600 und 2400 m. Zerstreut bis häufig.

Alpen-Moorbeere

Vaccinium uliginosum ssp. *pubescens*
Heidekrautgewächse
JUNI–JULI 5–20 CM

Typisch In den Alpen kommt diese liegende Form der Rauschbeere vor.
Beschreibung Blüten weiß bis rosa, meist einzeln. Blätter unterseits heller. Früchte dunkelblau, bereift.
Verbreitung Zwischen 1500 und 2700 m, auf sauren, humosen Böden: Felsen, Zwergstrauchheiden. Zerstreut.

Preiselbeere

Vaccinium vitis-idaea
Heidekrautgewächse
JUNI–JULI 5–25 CM

Typisch Auf der Unterseite der leicht eingerollten Blätter finden sich viele schwarze Drüsen.
Beschreibung Blüten weiß oder rosa. Blätter immergrün, ledrig, glänzend, werden als Arzneitee verwendet. Beeren rot, essbar.
Verbreitung Auf sauren Böden in Wäldern und Heiden, bis 2700 m. Häufig.

Zwerg-Mannsschild

Androsace chamaejasme
Primelgewächse
JUNI–JULI 3–12 CM ▼

Typisch Der Stängel ist lang und zottig behaart.
Beschreibung Pflanze bildet lockere Blattrosetten. Blütenblätter abgerundet. Blätter bis 1,5 cm lang, am Rand behaart.
Verbreitung Bis auf 3000 m, Schwerpunkt in den Nordalpen. Kalkreiche und steinige Standorte: Rasen und Felsschutt. Zerstreut.

Milchweißer Mannsschild

Androsace lactea
Primelgewächse
JUNI–JULI 3–20 CM ▼

Typisch Die Rosettenblätter sind mit höchstens 2 mm Breite und 2 cm Länge sehr schmal.
Beschreibung Blütenblätter ausgerandet. Stängel kahl, Blätter nur an der Spitze behaart.
Verbreitung In den Nordalpen. Kalkreiche und steinige Standorte bis 2300 m: Rasen und Felsen. Selten.

Zottiger Mannsschild

Androsace villosa Primelgewächse
JUNI–JULI 2–5 CM ▼

Typisch Sowohl der Stängel als auch die Blattunterseiten und Blattränder sind dicht und lang behaart.
Beschreibung Blüten bis 1 cm im Durchmesser, Kronblätter abgerundet. Blätter in fast kugeligen Rosetten, oberseits kahl.
Verbreitung Auf kalkreichen Steinböden in den Südalpen zwischen 1200 und 3000 m. Selten.

Dolomiten-Mannsschild

Androsace hausmannii
Primelgewächse
JULI–AUG. 1–4 CM ▼

Typisch Es sind oft noch Reste der Blüten vom Vorjahr zu sehen.
Beschreibung Blüten einzeln auf bis 12 mm langen Stängeln, Blütenblätter leicht ausgerandet. Blätter rau behaart, in lockeren Rosetten.
Verbreitung Ostalpenpflanze, nur auf Kalk, bis 3000 m: Felsspalten und -schutt, Rasen. Selten.

Stumpfblättriger Mannsschild

Androsace obtusifolia
Primelgewächse
JULI–AUG. 5–12 CM ▼

Typisch Die Blütenstände des Vorjahres bleiben lange sichtbar.
Beschreibung Blütenblätter abgerundet. Stängel oft rötlich überlaufen, sehr kurz behaart. Blätter am Rand bewimpert.
Verbreitung Nährstoffarme, humose Böden bis 3000 m, in den zentralen Ketten: Felsspalten, Rasen, Weiden. Zerstreut.

Schweizer Mannsschild

Androsace helvetica Primelgewächse
MAI–JULI 1–3 CM ▼

Typisch Die Blüten liegen scheinbar auf dem dichten und harten Polster der Blattrosetten auf.
Beschreibung Blütenblätter abgerundet. Blütenstiele kürzer als die Blätter. Blätter graugrün.
Verbreitung Schwerpunkt in den Nordalpen. Kalkreiche und steinige Standorte zwischen 1500 und 3600 m. Zerstreut bis selten.

Weißer Mauerpfeffer

Sedum album
Dickblattgewächse
JUNI–SEPT. 5–25 CM

Typisch Die Blütenstände sind lang gestielt und doldig, der lange, beblätterte Stängel ist oft rot überlaufen.
Beschreibung Blüten weiß, mit rotem Mittelnerv. Stängel kahl. Blätter zylindrisch, fleischig, kahl.
Verbreitung Böden mit wenig Feinerde: Felsschutt und Felsspalten, Geröll, Mauern. Häufig.

Dickblättrige Fetthenne

Sedum dasyphyllum
Dickblattgewächse
JUNI–AUG. 2–8 CM

Typisch An einer Pflanze finden sich Blüten mit 5 bis 7 Kronblättern.
Beschreibung Blüten weiß, außen oft rosa, mit rotem Mittelnerv. Blätter blaugrün (oft rot punktiert), Unterseite stark bauchig, Oberseite flach.
Verbreitung Kalkfreie, steinige Böden bis 2500 m: Felsspalten und -schutt. Zerstreut bis häufig.

Pracht-Steinbrech

Saxifraga cotyledon
Steinbrechgewächse
JUNI–AUG. 20–70 CM ▼

Typisch Mit bis zu 100 Einzelblüten ist der rispige Blütenstand sehr auffällig.
Beschreibung Stängel vom Grund an oder unterhalb der Mitte rispig verzweigt. Blätter blühender Pflanzen in bis zu 15 cm breiten Rosetten.
Verbreitung Südwestalpen auf Silikat, östlich bis Vorarlberg. Felsspalten zwischen 900 und 2500 m. Selten.

Trauben-Steinbrech

Saxifraga paniculata
Steinbrechgewächse
MAI–AUG. 10–30 CM ▼

Typisch Die Blütenkronblätter haben innen meist viele rote Punkte.
Beschreibung Pflanze bildet Rasen. Blüten in Rispen, einzelne Äste 1–5-blütig. Grundblätter in Rosetten. Blätter gezähnt, scheiden am Rand Kalk aus.
Verbreitung Trockene, kalkhaltige und steinige Böden, bis auf 3400 m. Zerstreut.

Host-Steinbrech

Saxifraga hostii
Steinbrechgewächse
MAI–JULI 20–60 CM ▼

Typisch Rosettenblätter über 4 cm lang.
Beschreibung Stängel im oberen Drittel verzweigt, Äste 5–10-blütig. Rosettenblätter linealisch, am Rand Kalk ausscheidend, gesägt.
Verbreitung Mit zwei Unterarten in den südlichen Kalkalpen bis 2500 m: Felsen, steinige Hänge und Felsschutt. Selten.

Krusten-Steinbrech

Saxifraga crustata
Steinbrechgewächse
JUNI–AUG. 10–30 CM ▼

Typisch Durch Kalkausscheidungen sind die Blätter meist ganz überkrustet.
Beschreibung Stängel im oberen Drittel verzweigt, Äste 1–3-blütig. Rosettenblätter meist ganzrandig, bis 4 mm breit und über 2 cm lang.
Verbreitung Nur in den südlichen Kalkalpen bis auf 2500 m: Felsen, steinige Hänge und Felsschutt. Selten.

Blaugrüner Steinbrech

Saxifraga caesia
Steinbrechgewächse
JULI–SEPT. 3–12 CM ▼

Typisch Die oft von Kalk überkrusteten, dichten und harten Polster sind bläulich grün.
Beschreibung Blütenstand traubig, mit 2–5 weißen Blüten. Stängel mit wenigen, kleinen Blättern, etwas klebrig. Rosettenblätter zurückgebogen.
Verbreitung Auf kalkreichen, steinigen Böden bis 3000 m. Häufig.

Bursers Steinbrech

Saxifraga burseriana
Steinbrechgewächse
APRIL–JULI 3–10 CM ▼

Typisch Die dreieckigen und stechenden Rosettenblätter erinnern an Nadelblätter.
Beschreibung Blüten bis 15 mm im Durchmesser, einzeln. Stängel und Stängelblätter klebrig. Rosettenblätter graugrün, bis 12 mm lang.
Verbreitung Ostalpenpflanze, kalkreiche Steinböden: Felsspalten und -schutt. Selten.

Rauer Steinbrech

Saxifraga aspera
Steinbrechgewächse
JULI–AUG. 5–20 CM ▼

Typisch Weiße Blüten innen mit gelben-violetten Punkten gesprenkelt.
Beschreibung Pflanze nicht in grundständigen Rosetten. Nichtblühende Triebe mit Tochterrosetten in den Blattachseln. Blätter meist steif bewimpert.
Verbreitung Kalkfreie, steinige Böden bis auf 2500 m: Felsspalten und -schutt. Zerstreut bis selten.

Spinnweb-Steinbrech

Saxifraga arachnoidea
Steinbrechgewächse
JUNI–AUG. 10–30 CM ▼

Typisch Unverwechselbar durch die langen, spinnwebartigen Haare.
Beschreibung Blüten weiß bis gelbgrün, nach innen gelb punktiert. Pflanze bildet keine Rosette aus.
Verbreitung Nur in den Südalpen zwischen dem Gardasee und dem Comer See, regengeschützt unter Felsen, bis 1850 m. Selten.

Mannsschild-Steinbrech

Saxifraga androsacea
Steinbrechgewächse
MAI–AUG. 2–10 CM ▼

Typisch Sowohl der Stängel als auch die Blattunterseiten und Blattränder sind drüsig behaart.
Beschreibung Kronblätter reinweiß, zu 1–2 am Stängel. Blätter rosettig, keine oder wenige Stängelblätter.
Verbreitung Feuchte, meist kalkhaltige, steinige Böden bis 3400 m: Gesteinsfluren, Schneetälchen. Häufig.

Rundblättriger Steinbrech

Saxifraga rotundifolia
Steinbrechgewächse
JUNI–SEPT. 10–60 CM ▼

Typisch Die Oberseiten der weißen Blüten sind rot und gelb punktiert.
Beschreibung Blütenstand reichblütig. Grundblätter rundlich–nierenförmig, gekerbt–gesägt, behaart.
Verbreitung Feuchte, nährstoff- und kalkreiche Böden bis 2200 m: Hochstaudenfluren, an Quellen und Bächen, Wälder. Häufig.

Stern-Steinbrech

Saxifraga stellaris
Steinbrechgewächse
JUNI–AUG. 5–20 CM ▼

Typisch Die Blütenblätter sind schmal mit jeweils zwei gelben Punkten.
Beschreibung Pflanze mit Ausläufer. Stängel ohne Blätter, Rosettenblätter fleischig, vorne oft mit wenigen groben Zähnen.
Verbreitung Gesamte Alpen, bis über 3000 m steigend, auf nassen Böden: an Quellen und Bächen. Häufig.

Keilblättriger Steinbrech

Saxifraga cuneifolia
Steinbrechgewächse
JUNI–JULI 10–25 CM ▼

Typisch Die Rosettenblätter laufen keilförmig in den Blattstiel aus.
Beschreibung Pflanze mit Ausläufern. Kelchblätter zurückgeschlagen. Nur Rosettenblätter, diese breit-oval, fleischig, etwas gezähnt–gekerbt.
Verbreitung Meist kalkarme Böden auf feuchten, schattigen Felsen in Wäldern und Gebüschen. Zerstreut bis selten.

Flachblättriger Steinbrech

Saxifraga muscoides
Steinbrechgewächse
JUNI–AUG. 1–8 CM ▼

Typisch Viele kleine Rosetten bilden ein dichtes, moosartiges Polster.
Beschreibung Blüten weißlich bis hellgelb, zu 1–2 am dicht behaarten Stängel, die Polster deutlich überragend. Pflanze duftet harzig.
Verbreitung Kalkarme, steinige Böden zwischen 2000 und 4200 m: Felsspalten und -schutt. Selten.

Sumpf-Herzblatt

Parnassia palustris
Spindelbaumgewächse
JULI–SEPT. 5–30 CM ▼

Typisch Im unteren Drittel des Stängels sitzt ein herzförmiges Blatt.
Beschreibung Blüten einzeln, 1–3,5 cm im Durchmesser, innen gelbgrün. Grundblätter in einer Rosette, ganzrandig, herzförmig und gestielt.
Verbreitung Gesamte Alpen, bis über 2500 m, auf nassen, meist kalkhaltigen Böden. Häufig.

Ostalpen-Fingerkraut

Potentilla clusiana
Rosengewächse
JUNI–AUG. 5–10 CM ▼

Typisch Stängel viel länger als die grundständigen Blätter.
Beschreibung Blüten bis 2,5 cm im Durchmesser, Staubblätter oft rötlich überlaufen. Gefingerte Blätter am Rand leicht flaumig behaart.
Verbreitung Nur in den Ostalpen mit Schwerpunkten in den Nördlichen und Südlichen Kalkalpen. Häufig.

Stengel-Fingerkraut

Potentilla caulescens
Rosengewächse
JUNI–SEPT. 10–30 CM

Typisch Lange, seidige Haare bedecken die Blattunterseite.
Beschreibung Blüten bis 2,5 cm im Durchmesser, zwischen den Kronblättern sind Kelchblätter zu sehen. Staubblätter bilden innen eine Art „Krone". Blätter handförmig gefingert.
Verbreitung Vor allem in Felsspalten der Kalkgebiete bis 2000 m. Häufig.

Wiesen-Leinblatt

Thesium pyrenaicum
Leinblattgewächse
JUNI–AUG. 10–50 CM

Typisch Die Blüten sind meist fünfzählig und außen grün (vgl. S. 56 unten).
Beschreibung Blüten im traubigen Blütenstand weisen in alle Richtungen. Blätter gelblich-grün und schmal lineal-lanzettlich.
Verbreitung Kalkarme, lehmige Böden bis auf 2500 m: Wiesen, Weiden, Gebüsch. Zerstreut.

Bach-Storchschnabel

Geranium rivulare
Storchschnabelgewächse
JUNI–AUG. 20–50 CM ▼

Typisch Die weißen Blüten sind violett geadert.
Beschreibung Blüten 2–3 cm im Durchmesser, Stängel gabelig verzweigt, mit 8–10 Blüten. Blätter handförmig geteilt, die Abschnitte ebenfalls fiederteilig.
Verbreitung Meist kalkarme, humusreiche Böden: Magerrasen, lichte Wälder, Zwergstrauchheiden. Zerstreut.

Große Sterndolde

Astrantia major
Doldenblütler
JUNI–AUG. 30–100 CM ▼

Typisch Ein Kranz von weißen bis rosa Hüllblättern umgibt die in 2–4 cm großen Dolden angeordneten Blüten.
Beschreibung Hüllblätter mit Quernerven. Untere Laubblätter 5–7-teilig, breite Abschnitte nicht bis zum Grund geteilt.
Verbreitung Nährstoff- und meist kalkreiche Böden bis auf 2000 m: Wiesen und Hochstaudenfluren. Häufig.

Kleine Sterndolde

Astrantia minor
Doldenblütler
JULI–AUG. 10–40 CM ▼

Typisch Die Dolden sind rein weiß und max. 1,5 cm im Durchmesser.
Beschreibung Hüllblätter ohne Quernerven. Untere Laubblätter 5–7-teilig, schmale Abschnitte fast bis zum Grund geteilt.
Verbreitung Pflanze der Südwestalpen, östlich bis Südtirol. Kalk- und nährstoffarme Böden bis 2500 m. Zerstreut.

Hallers Laserkraut

Laserpitium halleri
Doldenblütler
JULI–AUG. 15–60 CM ▼

Typisch Die Grundblätter werden bis zu 50 cm lang und sind 4–5-mal gefiedert.
Beschreibung Blüten in halbkugeligen Dolden. Blätter der Hülle an der Spitze mit 3 Zähnen und bewimpert.
Verbreitung Zentralalpen bis 2700 m, östlich bis Tirol. Trockene, nährstoff- und kalkarme Böden: Wiesen und alpine Rasen. Zerstreut.

Breitblättriges Laserkraut

Laserpitium latifolium
Doldenblütler
JULI–AUG. 50–200 CM ▼

Typisch Grundblätter bis zu 1 m lang, 1–2-fach gefiedert, unterseits behaart.
Beschreibung Blätter der Hülle und des Hüllchens kahl. Blätter im Umriss dreieckig, Teilblättchen schmal-lanzettlich und grob gesägt.
Verbreitung Bis auf 2400 m. Auf wechseltrockenen, nährstoffarmen Böden. Zerstreut.

Berg-Laserkraut

Laserpitium siler
Doldenblütler
JUNI–JULI 30–150 CM

Typisch Die Grundblätter werden bis zu 1 m lang und sind 3–4-fach gefiedert.
Beschreibung Blätter der Hülle und des Hüllchens kahl. Blätter im Umriss dreieckig, Teilblättchen schmal-lanzettlich und ganzrandig.
Verbreitung Trockene, kalkhaltige und steinige Böden, zwischen 600 und 2000 m. Zerstreut.

Österreichischer Bärenklau

Heracleum austriacum
Doldenblütler
JULI–SEPT. 10–60 CM

Typisch Die Bluten sind am Außenrand der Dolde vergrößert.
Beschreibung Blüten weiß bis rosa. Stängel glatt und dünn (am Grund < 4 mm breit), oben weich behaart. Blätter 1-mal gefiedert, mit 2–3 Fiederpaaren.
Verbreitung Mit Ausnahme eines Standortes in der Schweiz nur in den Nordostalpen. Selten.

Gewöhnlicher Bärenklau

Heracleum sphondylium Doldenblütler
JUNI–SEPT. 80–150 CM

Typisch Die Blüten sind am Außenrand der Dolde stark vergrößert, mit eingeschnittenen Blütenblättern.
Beschreibung Blüten weiß, selten rosa. Stängel dick, gerillt und borstig behaart. Blätter sehr groß, 1-mal gefiedert, Abschnitte fiederteilig.
Verbreitung Nährstoffreiche Böden, bis auf 2400 m: Wiesen und Hochstaudenfluren. Häufig.

Wald-Engelwurz

Angelica sylvestris
Doldenblütler
JULI–SEPT. 50–200 CM

Typisch Dolde besteht aus vielen kugeligen Döldchen.
Beschreibung Stängel im oberen Abschnitt gerillt und behaart. Blätter im Umriss dreieckig, mehrfach gefiedert.
Verbreitung Feuchte, nährstoffhaltige Böden bis 1800 m. Wälder und Wiesen. Häufig.

Meisterwurz

Peucedanum ostruthium
Doldenblütler
JUNI–AUG. 30–100 CM

Typisch Die Blätter sind rundlich und dreigeteilt. Die Teilblättchen sind gestielt und grob gezähnt.
Beschreibung Blüten weiß, selten rosa. Dolden schirmförmig, zur Fruchtzeit trichterförmig. Stängel gerillt und hohl. Heil- und Gewürzpflanze (Schnaps).
Verbreitung Nährstoffreiche Böden zwischen 1400 und 2700 m. Häufig.

Augenwurz

Athamanta cretensis Doldenblütler
MAI–AUG. 10–50 CM

Typisch Die Blütenblätter sind von außen behaart.
Beschreibung Dolden 6–12-strahlig. Stängel graugrün behaart, ohne Blätter. Blätter 3-fach gefiedert. Blattzipfel bis 1 cm lang und < 1 mm breit. Frucht stark behaart, Heilpflanze.
Verbreitung Steinige, kalkhaltige Böden zwischen 900 und 2500 m: Felsschutt. Zerstreut.

Wiesen-Kümmel

Carum carvi
Doldenblütler
MAI–AUG. 20–60 CM

Typisch Der Blütenstand verzweigt sich bereits in der unteren Hälfte.
Beschreibung Blüten weiß bis rosa, Pflanze kahl. Blätter 2–3-fach gefiedert und nicht flach, da Fiedern kreuzweise stehen. Gewürz- und Arzneipflanze.
Verbreitung Auf Wiesen und Weiden zwischen 400 und 2200 m. Häufig.

Bärwurz

Meum athamanticum
Doldenblütler
MAI–SEPT. 20–60 CM

Typisch Die ganze Pflanze riecht sehr würzig-aromatisch.
Beschreibung Blüten weiß, kahl. Dolden 3–15-strahlig, Stängel gerieft, fast blattlos. Grundblätter 2–4-fach gefiedert, mit haarfeinen Zipfeln, weich. Gewürz- und Heilpflanze (auch als Schnaps).
Verbreitung Auf kalkarmen Wiesen und Weiden bis auf 2800 m. Zerstreut.

Heilwurz

Seseli libanotis Doldenblütler
JULI–SEPT. 20–120 CM

Typisch Der fast kahle Stängel ist sehr tief gefurcht.
Beschreibung Dolden schirmförmig, Blätter graugrün, 2–3-fach gefiedert. Jeweils das untere Fiederpaar kreuzt sich nahe der Blattspindel. Früchte behaart und gerippt.
Verbreitung Vor allem auf kalkreichen Rasen, zwischen 400 und 2500 m. Selten.

Alpen-Kälberkropf

Chaerophyllum villarsii
Doldenblütler
MAI–SEPT. 30–120 CM

Typisch Die Blattunterseiten und der Stängel sind abstehend borstlich behaart.
Beschreibung Kronblätter bewimpert. Blätter gefiedert, diese z. T. verwachsen.
Verbreitung 1200–2400 m, auf wechseltrockenen Böden: lichte Wälder, Wiesen und Hochstaudenfluren. Häufig.

Fieberklee

Menyanthes tifoliata
Fieberkleegewächse
MAI–JUNI 15–30 CM ▼ (☠)

Typisch Die Blütenblätter sind auf der Oberseite bärtig behaart.
Beschreibung Blüten zu 5–20 in dichter Traube, 2–3 cm im Durchmesser. Blätter lang gestielt und dreiteilig, ganzrandig, etwas fleischig.
Verbreitung Saure, nährstoffarme Böden bis 2300 m: Moore und Verlandungsbereich von Seen. Zerstreut.

Steirischer Enzian

Gentiana frigida Enziangewächse
JUNI–SEPT. 5–15 CM ▼

Typisch Mit seiner (fast) weißen Blütenfarbe ist der Steirische Enzian eine Besonderheit.
Beschreibung Blüten zu 1–3 am Stängel, kurzgestielt, Kronblätter außen mit blauen Streifen. Blätter linealisch-lanzettlich.
Verbreitung Nur in den östlichen Zentralalpen bis auf 2500 m: kalkarme Steinböden. Selten.

Schwalbenwurz

Vincetoxicum hirundinacea
Hundsgiftgewächse
JUNI–AUG. 30–100 CM ▼ ☠

Typisch Die gelbweißen Blüten sitzen in Knäulen in den oberen Blattachsen.
Beschreibung Krone trichterförmig, verwachsen. Gegenständige Blätter ganzrandig, herzförmig und zugespitzt.
Verbreitung Steinige, gerne kalkhaltige Böden zwischen 600 und 2500 m: lichte Wälder und Schutthalden. Zerstreut.

Mehlige Königskerze

Verbascum lychitis
Braunwurzgewächse
JUNI–OKT. 50–130

Typisch Die Blüten sitzen in Knäulen am hohen, verzweigten, mehlig flockigen Blütenstand.
Beschreibung Blüten weiß oder gelb. Staubfäden zottig behaart. Stängel kantig. Blattunterseite graugrün behaart.
Verbreitung Kalkreiche, steinige Böden bis 2200 m: Schutthalden, Straßenränder und Waldrand. Häufig.

Moosglöckchen

Linnaea borealis
Geißblattgewächse
JULI–AUG. 5–15 CM ▼

Typisch Am Stängel sitzen zwei glockige und 5-zipfelige Blüten.
Beschreibung Blüten innen rosa, nach Vanille duftend. Gegenständige Blätter ledrig, schwach kerbig gezähnt, an bis über 1 m langen Ausläufern.
Verbreitung Auf moosreichen, kalkarmen Böden in halbschattigen Nadelwäldern vor allem der Zentralalpen. Selten.

Felsen-Baldrian

Valeriana saxatilis
Geißblattgewächse
JUNI–AUG. 5–30 CM

Typisch Am Stängel sitzt nur ein Blattpaar.
Beschreibung Blüten rispig-doldig, Stängelblätter gegenständig und linealisch, Grundblätter breit-lanzettlich und ganzrandig, 3 parallele Hauptnerven.
Verbreitung Kalkreiche, steinige Böden bis 2500 m: Schutthalden, lückige Rasen und Geröll. Selten.

Dreischnittiger Baldrian

Valeriana tripteris
Geißblattgewächse
APRIL–JULI 10–50 CM

Typisch Am Stängel sitzen 2–5 ungleichmäßig dreiteilige Blattpaare.
Beschreibung Blüten weißrosa, in doldenartigen Blütenständen. Der Kelch bildet an der Frucht einen Haarkranz.
Verbreitung Mäßig feuchte, meist kalkhaltige, steinige Böden bis 2500 m: Felsspalten und Schutt. Häufig.

Felsschutt-Baldrian

Valeriana saliunca
Geißblattgewächse
JULI–AUG. 3–10 CM ▼

Typisch Die blassrosa Blüten bilden einen köpfchenartigen Blütenstand.
Beschreibung Blüten dicht von rötlichen Hochblättern umgeben. Stängel höchstens mit einem Blattpaar, kahl.
Verbreitung Westalpenpflanze, östlich bis nach Nord- und Südtirol, zwischen 1800 und 2700 m: Felsspalten und steinige Magerrasen. Selten.

Tiroler Windröschen

Anemone baldensis
Hahnenfußgewächse
JUNI–AUG. 5–15 CM ▼ ☠

Typisch Die 6–8 Blütenblätter sind außen behaart.
Beschreibung Blüten einzeln, 2,5–4 cm im Durchmesser. Grundblätter gestielt und mehrfach 3-teilig zusammengesetzt. Früchte behaart.
Verbreitung Auf kalkhaltigen Böden bis 3100 m: Schutt und steinige Rasen. Südalpen zerstreut, Nordalpen selten.

Narzissenblütiges Windröschen

Anemone narcissiflora
Hahnenfußgewächse
MAI–JULI 20–50 CM ▼ ☠

Typisch Blüten stehen zu 3–8 in endständiger Dolde.
Beschreibung Blüten 2–3 cm im Durchmesser. Grundblätter gestielt und handförmig 3–5-fach geteilt. Früchte kahl.
Verbreitung Vor allem in den nördlichen und südlichen Gebirgsketten zwischen 800 und 2500 m, kalkliebend. Zerstreut.

Korianderblättrige Schmuckblume

Callianthemum coriandrifolium
Hahnenfußgewächse
MAI–JULI 10–30 CM ▼ ☠

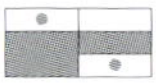

Typisch Die Blätter erinnern an Koriander.
Beschreibung Blüten bis 3 cm im Durchmesser, mit 6–12 Kronblättern. Blätter kahl und blaugrün, 1–2-fach gefiedert.
Verbreitung In den Zentral- und Südalpen zwischen 1600 und 2800 m: Bergwiesen und -weiden. Selten.

Christrose

Helleborus niger
Hahnenfußgewächse
DEZ.–MAI 10–25 CM ▼ ☠

Typisch Die Christrose ist eine der wenigen Arten, die im Winter blühen.
Beschreibung Blüten einzeln, 6–10 cm im Durchmesser, weiß bis rosa. Grundblätter ledrig, in 8–9 gezähnte Abschnitte geteilt, stark giftig.
Verbreitung Nordöstliche und südliche Kalkalpen zwischen 500 und 1800 m: in lichten Wäldern. Häufig kultiviert.

Alpen-Küchenschelle

Pulsatilla alpina ssp. *alpina*
Hahnenfußgewächse
APRIL–JUNI 15–55 CM ▼ ☠

Typisch Die Blüten nicken anfangs und zeigen in Vollblüte nach oben.
Beschreibung Blüten 4–6 cm im Durchmesser, außen leicht bläulich überlaufen. Ein Blattquirl am Stängel.
Verbreitung Nördliche und südliche Alpenketten zwischen 1500 und 2600 m. Kalkreiche, steinige Böden: Wiesen und Weiden. Zerstreut.

Frühlings-Küchenschelle

Pulsatilla vernalis
Hahnenfußgewächse
APRIL–JUNI 5–20 CM ▼ ☠

Typisch Die Außenseiten der Blüten und Hochblätter sind golden behaart.
Beschreibung Blüten 2–4 cm im Durchmesser, außen rosa, blau oder violett überlaufen. Ohne Stängelblätter.
Verbreitung Auf saurem Untergrund zwischen 1400 und über 3000 m: lichte Kiefernwälder und Silikat-Magerrasen. Zerstreut.

Winziges Alpenglöckchen

Soldanella minima Primelgewächse
MAI–JULI 3–10 CM ▼

Typisch Die weiße bis hellviolette Blütenkrone ist bis zu einem Drittel zerschlitzt.
Beschreibung Blüten innen dunkler. Stängel mit Drüsenhaaren. Blätter rundlich, weniger als 1 cm im Durchmesser, ledrig-dicklich.
Verbreitung Auf lange schneebedeckten, kalkreichen Böden bis auf 2500 m. Selten.

Silberwurz

Dryas octopetala
Rosengewächse
MAI–AUG. 2–12 CM ▼

Typisch Die großen, auffällige Blüten haben meist 8 Kronblätter.
Beschreibung Zwergstrauch mit am Boden liegenden Zweigen. Blütenstängel behaart. Blätter ledrig, am Rand rundlich eingekerbt und unterseits weiß-filzig.
Verbreitung Kalkhaltige Böden, Rasen, Schutt und Felsen. Zerstreut bis häufig.

Silberdistel

Carlina acaulis Korbblütler
JUNI–SEPT. 3–20 CM ▼

Typisch Weiße Hüllblätter umgeben strahlenförmig das große, fast sitzende Blütenkörbchen.
Beschreibung Körbchen 5–12 cm groß. Stängel kurz und filzig behaart. Blätter rosettig, fiederspaltig gezähnt und sehr stachelig.
Verbreitung Nährstoffarme, trockene Böden bis 2900 m: Weiden und trockene Gebüsche. Zerstreut.

Edelweiß

Leontopodium alpinum Korbblütler
JULI–SEPT. 5–15 CM ▼

Typisch Die sternförmig angeordneten, weiß-filzig behaarten Hüllblätter machen die Pflanze unverwechselbar.
Beschreibung Blütenkörbchen gelblich, zu 2–10 im Zentrum des Blütenstands. Blätter länglich-zungenförmig, stark behaart.
Verbreitung Nährstoff- und kalkreiche Böden, bis auf 3300 m: Felsspalten und -schutt. Selten.

Karpaten-Katzenpfötchen

Antennaria carpatica
Korbblütler
JUNI–AUG. 5–15 CM

Typisch Die weißen Blütenkörbchen sind von braunen, trockenhäutigen Hüllblättern umgeben.
Beschreibung Blütenstand zu 2–6 doldig gehäuft. Blätter alle schmal-lanzettlich, weiß behaart.
Verbreitung Kalkarme Böden bis 3200 m, vor allem in der zentralen Kette: steinige Rasen, oft windexponiert. Zerstreut.

Gewöhnliche Schafgarbe

Achillea millefolium Korbblütler
JUNI–OKT. 15–50 CM

Typisch Die Blätter sind doppelt gefiedert und fein zerschlitzt.
Beschreibung Blüten weiß bis hellrosa, Körbchen mit 4–5 Zungenblüten und gelblichen Röhrenblüten. Stängel kantig. Heilpflanze.
Verbreitung Nährstoffreiche Böden: auf Wiesen tieferer Lagen bis zur Waldgrenze. Häufig.

Großblättrige Schafgarbe

Achillea macrophylla Korbblütler
JULI–SEPT. 30–100 CM ▼

Typisch Die Hüllblätter der bis zu 1,5 cm breiten Körbchen haben einen schwarzen Rand.
Beschreibung Blüten in lockerer doldig-schirmförmiger Rispe, Körbchen mit 5–8 Zungenblüten. Blätter groß, grob fiederteilig, Teilblättchen gesägt.
Verbreitung Feuchte, nährstoffreiche Böden (Nordhänge) bis 2000 m: Hochstaudenfluren und Gebüsche. Zerstreut.

Bittere Schafgarbe

Achillea clavennae
Korbblütler
JUNI–SEPT. 5–30 CM ▼

Typisch Die ganze Pflanze ist graufilzig mit anliegenden Haaren.
Beschreibung Blütenstände schirmartig. Mit 5–20 Körbchen, jedes mit 8–15 randlichen Zungenblüten. Blätter tief eingeschnitten.
Verbreitung Ostalpenpflanze, kalkreiche Steinböden zwischen 1500 und 2500 m: Weiden, Felsspalten und -schutt. Selten.

Schwarzrandige Schafgarbe

Achillea atrata Korbblütler
JULI–SEPT. 5–30 CM ▼

Typisch Die schmalen Teilblättchen sind noch einmal in feine Zipfel geteilt.
Beschreibung Pflanze kaum duftend. Hüllblätter der Blütenkörbchen mit schwarzem Rand. 7–12 randliche Zungenblüten.
Verbreitung Mittlere und östliche Alpen, nach Westen bis Haute-Savoie, bis 2600 m: feuchte, kalkreiche und steinige Rasen. Zerstreut.

Moschus-Schafgarbe

Achillea moschata Korbblütler
JULI–SEPT. 10–20 CM ▼

Typisch Die Blätter sind wie ein Kamm eingeschnitten.
Beschreibung Pflanze aromatisch duftend. Hüllblätter der Blütenkörbchen bräunlich, 6–10 randliche Zungenblüten.
Verbreitung Innere Ketten der mittleren und östlichen Alpen, nach Westen bis zum Mont Blanc, bis 3200 m. Kalkarme, feuchte und steinige Böden. Zerstreut.

Zwerg-Schafgarbe

Achillea nana
Korbblütler
JULI–SEPT. 5–15 CM ▼

Typisch Die stark aromatisch duftende Pflanze ist dicht wollig behaart.
Beschreibung Hüllblätter der Blütenkörbchen dunkelbraun, 6–8 randliche Zungenblüten. Blätter fiederteilig, drüsig punktiert.
Verbreitung Westalpenpflanze, östlich bis nach Südtirol, 2000–3800 m: feuchte, steinige Rasen. Zerstreut.

Alpenmaßliebchen

Aster bellidiastrum Korbblütler
JUNI–SEPT. 5–30 CM ▼

Typisch Die Pflanze erinnert an ein großes Gänseblümchen.
Beschreibung Blütenkörbchen einzeln. Kronblätter unterseits oft rosa. Stängel blattlos und behaart. Blätter eiförmig, in Rosetten.
Verbreitung Nährstoffreiche, feuchte Böden zwischen 600 und 2800 m: Weiden, steinige und rutschende Hänge. Häufig.

Einköpfiges Berufkraut

Erigeron uniflorus
Korbblütler
JUNI–SEPT. 2–10 CM

Typisch Die Hüllblätter der Blütenkörbchen sind abstehend und dicht wollig behaart.
Beschreibung Blüten weiß bis rosa, einzeln. Stängel oben behaart, unten kahl. Blätter zur Spitze hin am breitesten.
Verbreitung Auf kalkarmen, sauren Böden bis 3500 m: Grate, Felsspalten und -schutt. Zerstreut.

Straußblütige Wucherblume

Tanacetum corymbosum Korbblütler
JUNI–AUG. 50–120 CM ▼

Typisch Der Blütenstand wirkt mit bis zu 15 Körbchen wie ein ganzer Blumenstrauß.
Beschreibung Blüten 2,5–5 cm im Durchmesser. Blätter mit 7–15 Teilblättchen, die wiederum eingeschnitten sind und in eine kleine Spitze auslaufen.
Verbreitung Kalkhaltige, trockene Böden bis 2000 m: Wiesen, lichte Wälder und Gebüsche. Zerstreut.

Alpen-Wucherblume

Leucanthemopsis alpina
Korbblütler
JUNI–AUG. 5–15 CM

Typisch Die typischen Margeritenblüten werden bis zu 4 cm breit.
Beschreibung Blätter im Umriss breitoval, fast handförmig geteilt. Stängelblätter ungeteilt.
Verbreitung Kalkarme, feuchte Böden zwischen 1600 und 3200 m, überwiegend in den zentralen Ketten: Schneetälchen und Schutthalden. Zerstreut.

Berg-Margerite

Leucanthemum adustum
Korbblütler
JUNI–AUG. 15–30 CM

Typisch Mit 4–7 cm Breite sind die Blüten der Berg-Margerite deutlich größer als die der Alpen-Margerite.
Beschreibung Blätter schmal-oval im Umriss, mit 6–20 Zähnen auf jeder Seite.
Verbreitung Schwerpunkt Westalpen, östlich bis zu einer Linie Gardasee–Berchtesgaden, bis 2300 m. Zerstreut.

Weißer Affodil

Asphodelus albus Grasbaumgewächse
MAI–JULI 60–120 CM ▼

Typisch Der dichte, ährenartige Blütenstand ist bis zu 50 cm hoch und vielblütig.
Beschreibung Blütenblätter alle gleich lang, bis 2,5 cm lang. Stängel unverzweigt, blattlos. Blätter grasartig, bis 2 cm breit, dreikantig-rinnig.
Verbreitung Vor allem auf kalkreichen Böden der Südalpen bis über 2500 m. Selten.

Kleine Simsenlilie

Tofieldia pusilla
Simsenliliengewächse
JULI–AUG. 5–12 CM ▼

Typisch Die Blüten bilden kleine, bis 1,5 cm große, kugelige Blütenstände.
Beschreibung Blüten cremeweiß. Stängel nur unten beblättert. Blätter grasartig, mit der Schmalseite ineinandergreifend.
Verbreitung Nasse, sandige oder torfige Böden zwischen 1800 und 2400 m: Quellmoore und Schneetälchen. Selten.

Weißer Germer

Veratrum album
Germergewächse
JUNI–AUG. 50–150 CM ▼ ☠

Typisch Im Unterschied zum Gelben Enzian sind die Blätter wechselständig angeordnet.
Beschreibung Blüten stehen dicht in Rispen, bis 2 cm lang, innen weiß, außen grünlich. Blätter breit eiförmig, gerieft.
Verbreitung Feuchte, nährstoffreiche Böden bis über 2600 m: Weiden und Hochstaudenfluren. Zerstreut.

Maiglöckchen

Convallaria majalis
Spargelgewächse
MAI–JUNI 10–20 CM ▼ ☠

Typisch Der Blütenstand wird von bis zu 10 nickenden, glockenförmigen Blüten gebildet.
Beschreibung Pflanze duftend. Blüten bis 7 mm groß. 2 Blätter, breit-lanzettlich, umfassen den Stängel. Rote Beeren.
Verbreitung In trockenen Laubwäldern und Felsschutt zwischen 600 und 2200 m. Zerstreut, auch verwildert.

Quirlblättriges Salomonssiegel

Polygonatum verticillatum
Spargelgewächse
JUNI–JULI 30–80 CM ▼ ☠

Typisch Jeweils 3–7 schmale Blätter stehen etagenartig in Quirlen am Stängel.
Beschreibung Blüten zu 2–5, weißlich mit grünen Zähnen, hängend in den Achseln der Blätter.
Verbreitung Schattige Laubwälder und Hochstaudenfluren auf feuchten Böden zwischen 800 und 1800 m. Zerstreut.

Knotenfuß

Streptopus amplexifolius
Spargelgewächse
JUNI–JULI 30–100 CM ▼

Typisch Der zickzackförmige Stängel ist zweireihig behaart.
Beschreibung Blüten unter den Blättern, bis 1 cm lang, Spitzen nach oben gebogen. Blätter eiförmig und stängelumfassend. Rote Beeren.
Verbreitung Schattig-feuchte Wälder und Gebüsche, Hochstaudenfluren und Waldwiesen bis 2000 m. Zerstreut.

Astlose Graslilie

Anthericum liliago
Spargelgewächse
MAI–JUNI 30–60 CM

Typisch Der Blütenstand ist nicht verzweigt, die Blüten sind zu allen Seiten ausgerichtet.
Beschreibung Blüten bis 22 mm lang, Blütenstand 6–10-blütig, Blütenblätter gleich lang. Blätter grasartig.
Verbreitung In den Westalpen bis auf 1800 m, östlich bis Tirol: lichte Wälder, steinige Hänge, Trockenrasen. Zerstreut.

Weiße Trichterlilie

Paradisea liliastrum
Spargelgewächse
JUNI–JULI 30–50 CM ▼

Typisch Die trichterförmigen Blüten sind zu einer Seite ausgerichtet.
Beschreibung Blütenblätter ungleich lang. Blüten bis 5 cm lang. Stängel unverzweigt, blattlos. Blätter grasartig, bis 8 mm breit.
Verbreitung Nährstoff- und kalkreiche Böden bis auf 2500 m: Wiesen, Hochstaudenfluren und Gebüsche. Zerstreut.

Spätblühende Faltenlilie

Lloydia serotina
Liliengewächse
JUNI–AUG. 5–20 CM ▼

Typisch Mit ihren kurzen Stängelblättern und einzelnen glockenförmigen Blüten wirkt die Pflanze sehr zierlich.
Beschreibung Blütenblätter mit braunroten Streifen. Zwei grasartige Grundblätter, so lang wie der Stängel.
Verbreitung Auf kalkarmen, sauren Böden bis 3000 m, mit Schwerpunkt Zentralalpen. Zerstreut.

Allermannsharnisch

Allium victorialis
Narzissengewächse
JUNI–AUG. 30–50 CM ▼

Typisch Die Blüten stehen in bis zu 5 cm großen, kugeligen Blütenständen.
Beschreibung Blüten weißlich-gelblich. Blütenstände vor dem Aufblühen nickend. Stängel rund. Blätter 2–5 cm breit.
Verbreitung Nährstoffreiche, steinige und kalkarme Böden zwischen 1000 und 2500 m: Wiesen und Hochstaudenfluren. Selten.

Stern-Narzisse

Narcissus poeticus ssp. *radiiflorus*
Narzissengewächse
MÄRZ–MAI 20–30 CM ▼ ☠

Typisch Im Zentrum der Blüte befindet sich eine orangefarbene Nebenkrone.
Beschreibung Blütenblätter überdecken sich nicht. Stängel zusammengedrückt. Blätter grasartig, graugrün.
Verbreitung Auf feuchten, nährstoffreichen Wiesen der Südalpen bis auf 2000 m. Selten, aber oft in Massenvorkommen. Auch verwildert.

Bleicher Klee

Trifolium pallescens
Schmetterlingsblüter
JULI–AUG. 5–15 cm ▼

Typisch Die schmutzig weißen Blüten sind nach der Blüte nach unten gebogen.
Beschreibung Kräftiger Stängel bis 3–10 cm lang, unbehaart und oft rot überlaufen.
Verbreitung Überwiegend in den Zentral- und Südalpen, 1800–3000 m auf kalkarmen Böden: Moränen und alpine Rasen. Häufig.

Berg-Klee

Trifolium montanum
Schmetterlingsblütler
MAI–OKT. 15–50 CM

Typisch Das Blütenköpfchen besteht aus vielen kleinen, weißen Blüten.
Beschreibung Blütenköpfchen 1–1,5 cm in Durchmesser, bis 1,5 mm kurze Blütenstiele. Teilblättchen länglich-spitz, gesägt. Unterseite weich behaart.
Verbreitung Trockene, kalkhaltige Böden: lichte Wälder und Wiesen zwischen 400 und 2400 m. Zerstreut.

Schnee-Klee

Trifolium pratense ssp. *nivale*
Schmetterlingsblütler
JUNI–SEPT. 5–25 CM

Typisch Die bis zu 3,5 cm großen Blütenköpfe werden von dem obersten Stängelblatt umgeben.
Beschreibung Blüten weiß, gelblich oder rötlich überlaufen. Kelch stark behaart. Teilblättchen oval. Verwandt mit dem ähnlichen Rot-Klee tieferer Lagen.
Verbreitung Wiesen und Weiden zwischen 1600 und 2800 m. Häufig.

Rasiger Klee

Trifolium thalii
Schmetterlingsblütler
JULI–AUG. 5–15 CM

Typisch Die Blüten verändern beim Verblühen ihre Farbe von weiß zu rötlich.
Beschreibung Pflanze nicht kriechend. Stängel nur bis 4 cm lang. Blätter kahl, mit kleinen Zähnchen. Dem häufigen Weiß-Klee sehr ähnlich, dieser kriechend.
Verbreitung Steinige, gerne kalkhaltige Böden zwischen 1400 und 2800 m: Wiesen und Weiden. Zerstreut.

Alpen-Tragant

Astragalus alpinus
Schmetterlingsblütler
JUNI–AUG. 5–20 CM

Typisch Die Flügel der Blüte sind weiß, das Schiffchen und die Fahne sind an der Spitze violett.
Beschreibung Blätter mit 13–25 Teilblättchen. Schiffchen so lang wie die Fahne. Flügel ganzrandig. Hülsen behaart.
Verbreitung Nährstoffarme, kalkreiche Böden auf Wiesen und Weiden bis über 3000 m. Zerstreut.

Südlicher Tragant

Astragalus australis
Schmetterlingsblütler
JULI–AUG. 10–20 CM

Typisch Die Blüte ist gelblich-weiß, nur die Spitze des Schiffchens ist violett.
Beschreibung Blätter mit 9–15 Teilblättchen. Schiffchen länger als die Fahne. Flügel zweilappig. Hülsen kahl.
Verbreitung Trockene, kalkhaltige und steinige Böden zwischen 1200 und 1800 m: Magerwiesen, Schutt. Zerstreut.

Gletscher-Tragant

Astragalus frigidus
Schmetterlingsblütler
JULI–AUG. 10–40 CM

Typisch Die Blüten sind einfarbig gelblich-weiß.
Beschreibung Kelch kurz schwarz behaart. Blätter mit 9–17 Teilblättchen, blaugrün. Nebenblätter eiförmig, bis 1 cm groß. Hülsen kurzhaarig.
Verbreitung Trockene und kalkreiche steinige Böden, 1500–2700 m: steile Hänge und Rasen. Zerstreut.

Dorn-Tragant

Astragalus sempervirens
Schmetterlingsblütler
JULI–AUG. 5–20 CM

Typisch Die Pflanze trägt dichte Dornen.
Beschreibung Die Blüte ist weißlich-rötlich. Blätter an der Spitze bedornt, paarig gefiedert mit 12–20 lang behaarten Teilblättchen. Hülsen kurzhaarig.
Verbreitung Westalpenpflanze, kalkliebend, östlich bis Berner Alpen und Tessin, bis 2700 m: lückige Rasen und Schutt. Selten.

Weiße Taubnessel

Lamium album
Lippenblütler
APRIL–OKT. 30–60 CM

Typisch Die nesselartigen, weichen Blätter haben keine Brennhaare.
Beschreibung Blüten etagenartig in den oberen Blattachseln. Oberlippe ist wie ein Löffel geformt, Unterlippe ist zweilappig. Blätter gegenständig, gesägt.
Verbreitung Besonders nährstoffreiche Böden bis 2000 m: Wiesen und Lägerfluren. Häufig.

Berg-Gamander

Teucrium montanum
Lippenblütler
JUNI–SEPT. 10–30 CM

Typisch Den weißen Blüten fehlt die Oberlippe.
Beschreibung Stängel verholzt unten. Blätter graugrün, mit einem deutlichen Mittelnerv, Rand umgerollt, unterseits filzig behaart.
Verbreitung Gesamte Alpen, bis auf 2400 m, auf kalkhaltigen Böden: Trockenrasen und Felshänge. Zerstreut.

Echter Augentrost

Euphrasia rostkoviana
Sommerwurzgewächse
JUNI–OKT. 5–25 CM

Typisch Die weiß-violette Blüte besitzt auf der Unterlippe einen gelben Fleck.
Beschreibung Pflanze unterhalb der Mitte verzweigt. Oberlippe der Blüte mit violetter Zeichnung. Blätter eiförmig, sitzend, mit 9–13 Zähnen.
Verbreitung Auf Wiesen und Weiden zwischen 400 und 2600 m. Zerstreut.

Alpen-Fettkraut

Pinguicula alpina
Wasserschlauchgewächse
MAI–AUG. 5–20 CM ▼

Typisch Mit ihren klebrigen, fleischigen Blättern fängt das Fettkraut Insekten.
Beschreibung Blüten weiß, mit 1–3 gelben Flecken auf der Unterlippe, Sporn 2–3 mm lang. Blätter gelbgrün, am Rand leicht nach oben eingerollt.
Verbreitung Nährstoffarme, kalkreiche Böden: nasse Felsen, Moore und Rasen, bis 2500 m. Zerstreut.

Weiße Sumpfwurz

Epipactis palustris
Orchideengewächse
JUNI–AUG. 30–50 CM ▼

Typisch Die inneren Blütenblätter sind weiß, die äußeren bräunlich-grünlich.
Beschreibung Blüten zeigen alle in eine Richtung. Lippe am Rand wellig, quer in zwei Abschnitte geteilt. Blätter lanzettlich.
Verbreitung Feuchte, kalkhaltige und humose Böden: Quell- und Flachmoore bis 2000 m. Selten.

Weiße Waldhyazinthe

Platanthera bifolia
Orchideengewächse
MAI–AUG. 15–50 CM ▼

Typisch Der bis zu 2 cm lange, am Ende zugespitzter Sporn ist charakteristisch.
Beschreibung Pflanze duftet (abends). Lippe zungenförmig und herabhängend. 2 Blätter, grundständig, eiförmig-länglich.
Verbreitung Nährstoffarme, wechseltrockene Böden bis 2100 m: lichte Wälder und Magerrasen. Zerstreut.

Netzblatt

Goodyera repens
Orchideengewächse
JULI–AUG. 10–30 CM ▼

Typisch Die Pflanze verbreitet sich über lange Ausläufer und bildet Teppiche.
Beschreibung Blütenstand vielblütig, Blüten nur 3–6 mm lang. Blätter rosettig angeordnet, mit netzartiger Zeichnung auf der Oberseite.
Verbreitung Moosreiche, mäßig trockene bis feuchte Nadelwälder, bis 2000 m. Sehr selten.

Alpen-Waldrebe

Clematis alpina
Hahnenfußgewächse
MAI–JULI 100–250 CM ▼ ☠

Typisch Die Blattstiele bilden Ranken.
Beschreibung Blüten lang gestielt, 4–6 cm im Durchmesser, innen mit 10–20 weißlichen Nektarblättern. Blätter gefiedert.
Verbreitung Vorwiegend auf kalkhaltigem Untergrund: im Halbschatten in Rosengebüschen oder zwischen Latschenkiefern. Zerstreut.

Blaue Gänsekresse

Arabis caerulea
Kreuzblütler
JUNI–AUG. 5–12 CM

Typisch Blätter spatelig, mit wenigen, deutlichen Zähnen.
Beschreibung Blüten hellviolett, 5 mm lang, zu 2–8 in einer Traube. Stiele der Schoten anliegend.
Verbreitung Im Alpengebiet zwischen 2000 und 3300 m, feuchte und kalkreiche Böden: Schneetälchen, Geröll und Felsschutt. Zerstreut bis selten.

Finger-Zahnwurz

Cardamine pentaphyllos
Kreuzblütler
APRIL–JUNI 20–50 CM

Typisch Die unteren Stängelblätter sind handförmig geteilt.
Beschreibung Blüten blauviolett, bis 2 cm lang, in einer endständigen Traube. Stängelblätter wechselständig, gestielt, Rand und Blattansatz mit sehr kleinen Brutknospen.
Verbreitung Vor allem in Buchenwäldern der Ostalpen bis 2000 m. Zerstreut.

Kreuz-Enzian

Gentiana cruciata
Enziangewächse
JULI–AUG. 20–70 CM ▼

Typisch Am unteren Stängelabschnitt sind die sich gegenüberstehenden Blätter paarweise verwachsen.
Beschreibung Blüten glockenförmig bis 2,5 cm lang, Zipfel flach ausgebreitet. Blätter kreuzweise gegenständig, ledrig.
Verbreitung Vor allem in den Kalkalpen bis 1600 m: Trockenrasen, Gebüsche und Waldränder. Selten.

Fransen-Enzian

Gentianella ciliata
Enziangewächse
AUG.–OKT. 10–25 CM ▼

Typisch Am Rand der Kronblätter befinden sich lange Fransen.
Beschreibung Blüten meist einzeln, 2–5 cm lang, Kronblätter etwas eingerollt, Kelchzipfel spitz. Blätter schmal lanzettlich, ohne Grundblätter.
Verbreitung Fast nur in den Kalkalpen bis 2200 m: Magerrasen und Almen. Zerstreut.

Zarter Enzian

Gentianella tenella
Enziangewächse
JULI–SEPT. 2–10 CM ▼

Typisch Die bis 1 cm langen, hellblauen Blüten sind im Zentrum bärtig.
Beschreibung Kronblätter zugespitzt, abstehend. Grundblätter meist bereits zur Blütezeit verwelkt.
Verbreitung Nährstoffreiche, kalkarme Böden zwischen 1800 und 3000 m: lückige Rasen, Lägerfluren und Felsschuttfluren. Selten.

Zwerg-Enzian

Gentianella nana
Enziangewächse
JULI–SEPT. 2–7 CM ▼

Typisch Sehr kleine, bis 7 mm lange Blüten, in der Mitte der Blüte bärtig.
Beschreibung Kronblätter 4–5-zählig, ausgebreitet, abgerundet und kurz bespitzt.
Verbreitung Nur in den östlichen Zentralalpen von Tirol bis Kärnten, auf feuchten, kalkarmen und steinigen Böden, 2200 bis 2800 m. Selten.

Gamander-Ehrenpreis

Veronica chamaedrys
Wegerichgewächse
APRIL–JULI 15–30 CM

Typisch Die Pflanze ist durch zwei gegenüberliegende Haarleisten am Stängel deutlich zu erkennen.
Beschreibung Blütentrauben in den Achseln der oberen Blätter, zu jeweils 10–30. Blüten etwa 12 mm breit.
Verbreitung Nährstoffreiche Böden bis 2200 m: Wiesen, Weiden und Waldränder. Zerstreut, in tieferen Lagen häufig.

Felsen-Ehrenpreis

Veronica fruticans
Wegerichgewächse
JUNI–AUG. 5–15 CM

Typisch Weißer Fleck mit einem roten Ring im Inneren der Blüte.
Beschreibung Pflanze mit Ausläufern, diese verholzen. Blüten kräftig blau. Kelch 5-teilig. Blätter oval, dicklich und glänzend.
Verbreitung Trockene, steinige Böden: Felsschutt, Geröll und lockere Rasen, bis 2800 m. Zerstreut.

Alpen-Ehrenpreis

Veronica alpina
Wegerichgewächse
JUNI–AUG. 2–15 CM

Typisch Der Blütenstand ist doldenartig und besteht aus 5–20 Blüten.
Beschreibung Blüten 5–8 mm im Durchmesser, Kelch meist 5-teilig. Blätter eiförmig. Pflanze zerstreut behaart.
Verbreitung Feuchte, nährstoffreiche Böden bis über 3000 m: Weiden und Hochstaudenfluren. Häufig, in den Südalpen selten.

Blattloser Ehrenpreis

Veronica aphylla
Wegerichgewächse
JUNI–AUG. 3–7 CM

Typisch Der Stängel ist bis auf kleine Tragblätter am Blütenansatz blattlos.
Beschreibung Blüten zu 1–6 am Stängel, 6–8 mm im Durchmesser. Kelch 4-teilig mit Drüsenhaaren. Blätter dicht behaart.
Verbreitung Vor allem in den Kalkalpen bis 2800 m: steinige Rasen und Schneetälchen. Zerstreut.

Gänseblümchen-Ehrenpreis

Veronica bellidioides
Wegerichgewächse
JUNI–AUG. 5–20 CM

Typisch Die Grundblätter stehen in einer Rosette zusammen.
Beschreibung Blütenstand doldenartig mit 3–10 trübblauen Blüten. Kelch 4-teilig. Rosettenblätter bis 4 cm lang, Stängelblätter schmaler und kürzer.
Verbreitung Nährstoff- und kalkarme Rasen bis 3200 m. In den Zentralalpen häufig, in den Kalkalpen fehlend.

Wald-Ehrenpreis

Veronica officinalis
Wegerichgewächse
JUNI–AUG. 15–30 CM

Typisch Die Blüten sind blasslila und dunkler geadert.
Beschreibung Traubige Blütenstände entspringen aus Blattachseln. Stängel kriechend bis aufsteigend. Blätter kurz gestielt, gesägt und weich behaart.
Verbreitung Nährstoffarme, trockene Böden bis 2000 m: trockene Wälder, Gebüsche und Rasen. Zerstreut.

Quendel-Ehrenpreis

Veronica serpyllifolia
Wegerichgewächse
JUNI–AUG. 5–15 CM

Typisch Die Blüten sind blassblau mit dunkleren Adern.
Beschreibung Blüten 5–6 mm im Durchmesser, je zu 5–20 in lockeren blattachselständigen Trauben. Blätter eiförmig, ganzrandig bis wenig gezähnt.
Verbreitung Feuchte, nährstoffreiche Böden bis 2000 m: Quell- und Lägerfluren. Zerstreut.

Allionis Ehrenpreis

Veronica allionii
Wegerichgewächse
JUNI–AUG. 5–15 CM

Typisch Die Blüten sind in dichten, oben abgerundeten Ähren angeordnet.
Beschreibung Blüten mit kurzer Kronröhre. Stängel kriechend, an der Basis verholzend. Blätter kahl und ledrig, schwach gesägt, gegenständig.
Verbreitung Nur in den Südwest-Alpen bis 2500 m: Weiden und lichte Wälder. Zerstreut.

Ähriger Blauweiderich

Pseudolysimachion spicatum
Wegerichgewächse
JULI–SEPT. 10–40 CM ▼

Typisch Der Blütenstand ist eine vielblütige, lange, spitz zulaufende Traube.
Beschreibung Blüten bis 12 mm im Durchmesser, mit langer Kronröhre. Stängel dicht behaart. Blätter lanzettlich, oft wechselständig.
Verbreitung Warme, nährstoffreiche Böden bis 1500 m: Rasen und Gebüsche. Zerstreut.

Blaues Mänderle

Paederota bonarota
Wegerichgewächse
JULI–AUG. 10–20 CM ▼

Typisch Die Blüten befinden sich in dichten, meist überhängenden Trauben.
Beschreibung Blüten röhrig, 4-teilig bis 2-lippig, bis 1,5 cm lang. Stängel dicht behaart. Blätter mit nach vorn gerichteten Zähnen.
Verbreitung Nur in den Ostalpen mit Schwerpunkt in den Südlichen Kalkalpen bis 2600 m, in Felsspalten. Selten.

Gewöhnlicher Teufelsabbiss

Succisa pratensis
Geißblattgewächse
JULI–SEPT. 30–100 CM

Typisch Die Staubblätter überragen die bläulich bis hellvioletten Blüten im kugeligen Blütenköpfchen.
Beschreibung Köpfchen bis 2,5 cm im Durchmesser, von einem stachelspitzigen Außenkelch umgeben.
Verbreitung Wechselnasses Grünland, Flachmoore, lichte Wälder und Gebüsche, kaum über 1500 m. Zerstreut.

Alpen-Akelei

Aquilegia alpina
Hahnenfußgewächse
JUNI–AUG. 20–70 CM ▼ ☠

Typisch Die Blüten sind hellblau mit fast geraden Spornen.
Beschreibung Blüten 5–8 cm im Durchmesser. Stängel kaum verzweigt, 1–3-blütig. Grundblätter doppelt 3-fach geteilt.
Verbreitung Westalpenpflanze, bis auf 2500 m überwiegend auf feuchten, kalkreichen Böden: Gebüsche und lichte Wälder, Selten.

Gewöhnliche Akelei

Aquilegia vulgaris
Hahnenfußgewächse
MAI–JULI 30–70 CM ▼ ☠

Typisch Lange, hakige Sporne kennzeichnen die blauvioletten Blüten.
Beschreibung Blüten bis 5 cm im Durchmesser, bis zu 10 Blüten am verzweigten Stängel. Blätter gefiedert.
Verbreitung In den gesamten Alpen, aber nicht häufig. Lichte Wälder, Gebüsche, auf Wiesen bis auf 2000 m.

Hoher Rittersporn

Delphinium elatum
Hahnenfußgewächse
JULI–AUG. 60–200 CM ▼ ☠

Typisch Die blauen Blüten haben einen abstehenden Sporn.
Beschreibung Auffällige Pflanze mit traubigem Blütenstand. Blätter groß und handförmig geteilt, stark giftig!
Verbreitung Nur in den zentralen und südlichen Ketten, auf nährstoffreichen Böden: Waldränder, Hochstauden- und Uferfluren. Sehr selten.

Klebrige Primel

Primula glutinosa
Primelgewächse
JUNI–AUG. 2–8 CM ▼

Typisch Durch die klebrigen, gesägt-gezackten Blätter leicht erkennbar.
Beschreibung Pflanze mit intensivem Duft. Blütenfarbe während der Blühzeit von blau zu lila, beim Abblühen wechselnd.
Verbreitung Zentrale und südliche Ostalpen, von der Ostschweiz bis Kärnten, auf kalkarmen Böden: bis 3100 m. Selten.

Alpen-Lein

Linum alpinum
Leingewächse
JUNI–JULI 10–30 CM

Typisch Die Farbe der Blütenblätter wechselt von außen nach innen von blau zu weiß und zu gelb.
Beschreibung Blüten bis 2,5 cm im Durchmesser. Blühende Triebe dicht, nichtblühende Triebe locker beblättert.
Verbreitung Trockene, steinige Böden auf Kalk: Felsschutt, Geröll und lockere Rasen, bis 2800 m. Zerstreut.

Alpen-Mannstreu

Eryngium alpinum
Doldenblütler
JULI–SEPT. 30–80 CM ▼

Typisch Die stachelige Pflanze ist besonders oberwärts bläulich schimmernd überlaufen.
Beschreibung Blüten klein, zahlreich, in großen, walzlichen Köpfchen.
Verbreitung Nur in den Süd- und Westalpen. Kalkhaltige, steinige Böden bis 2500 m: Gebüsche, Wiesen und Weiden. Zerstreut, auch Zierpflanze.

Schwalbenwurz-Enzian

Gentiana asclepiadea
Enziangewächse
JUNI–SEPT. 30–70 CM ▼

Typisch Die Blüten stehen in den oberen Blattachseln und werden von den Blättern überragt.
Beschreibung Blüten bis 5 cm lang, innen rotviolett punktiert. Pflanze dicht beblättert, scheinbar in zwei Reihen.
Verbreitung Kalkhaltige, feuchte und humusreiche Böden bis über 2000 m: lichte Wälder und Ufergebüsche. Zerstreut.

Stängelloser Silikat-Enzian

Gentiana acaulis
Enziangewächse
MAI–AUG. 5–10 CM ▼

Typisch Die Blüten zeigen innen olivgrüne Längsstreifen.
Beschreibung Blütenkrone bis 6 cm lang. Meist 1–2 Paar Stängelblätter. Grundblätter 4–10 cm lang, weich.
Verbreitung Nährstoff- und kalkarme Böden zwischen 1200 und 3000 m: Weiden und alpine Rasen. In den Zentralalpen zerstreut, sonst sehr selten.

Stängelloser Kalk-Enzian

Gentiana clusii
Enziangewächse
MAI–AUG. 5–12 CM ▼

Typisch Im Inneren sind die Blüten weißlich-violett gepunktet.
Beschreibung Blütenkrone bis 6 cm lang. Meist 1–2 Paar Stängelblätter. Grundblätter 3–5 cm lang, hart.
Verbreitung Kalkhaltige, feuchte und steinige Böden bis auf 2800 m: Magerrasen, Felsschutt. In den Nordalpen häufig, nach Südwesten seltener.

Alpen-Enzian

Gentiana alpina
Enziangewächse
MAI–AUG. 4–8 CM ▼

Typisch Die Blüten zeigen innen eine olivgrüne Zeichnung, die Blätter sind maximal 2 cm lang.
Beschreibung Blütenkrone bis 4 cm lang. Meist ohne Stängelblätter. Grundblätter gelbgrün, ledrig-fleischig.
Verbreitung Steinige, kalkarme Böden bis 2600 m: Magerrasen und Felsen. In den Südwestalpen zerstreut.

Schnee-Enzian

Gentiana nivalis
Enziangewächse
JULI–SEPT. 5–20 CM ▼

Typisch Alle Triebe blühen.
Beschreibung Triebe meist mehrblütig, vom Grund an verzweigt. Blüten bis 2 cm lang. Obere Blätter spitz-lanzettlich, Grundblätter klein und eiförmig.
Verbreitung Nährstoffarme, kalkreiche Böden zwischen 1600 und 2900 m: Wiesen und Weiden. Zerstreut.

Bayerischer Enzian

Gentiana bavarica
Enziangewächse
JULI–SEPT. 5–20 CM ▼

Typisch Alle Laubblätter sind verkehrt eiförmig und ganzrandig glatt.
Beschreibung Blüten bis 3 cm lang. Untere Blätter dicht gedrängt, aber nicht rosettig.
Verbreitung Feuchte, lange vom Schnee bedeckte Böden zwischen 1600 und 3000 m: Schneetälchen, Quellmoore. Zerstreut.

Kurzblättriger Enzian

Gentiana brachyphylla
Enziangewächse
JULI–AUG. 3–7 CM ▼

Typisch Die sehr kleinen, eiförmigen Blätter (< 1 cm lang) stehen in Rosetten.
Beschreibung Blüten einzeln, bis 2 cm lang. Kronröhre dünn, Kronblätter außen mit einem grünlichen Schimmer.
Verbreitung Steinige, kalkarme und feuchte Böden zwischen 2000 und 3200 m: Felsschutt und lückige Rasen. Selten.

Schlauch-Enzian

Gentiana utriculosa
Enziangewächse
MAI–AUG. 10–20 CM ▼

Typisch Der Kelch wirkt aufgeblasen und ist fast so lang wie die Kronröhre.
Beschreibung Blüten bis 2,5 cm lang. Stängel meist verzweigt, mehrblütig. Kelch an den Kanten geflügelt. Grundblätter zur Blütezeit meist verwelkt.
Verbreitung Nasse, kalkhaltige und humose Böden: Quell- und Flachmoore bis 2500 m. Selten.

Frühlings-Enzian

Gentiana verna
Enziangewächse
APRIL–AUG. 3–12 CM ▼

Typisch Durch die frühe Blüte deutlich von anderen Enzianen zu unterscheiden.
Beschreibung Blüten bis 3 cm lang. Stängel nicht verzweigt, einblütig, mit 1–3 Blattpaaren. Kelch an den Kanten geflügelt.
Verbreitung Kalkhaltige, nährstoffarme Böden zwischen 600 und 2900 m: Wiesen und Weiden. Zerstreut.

Tauernblümchen

Lomatogonium carinthiacum
Enziangewächse
AUG.–SEPT. 3–15 CM ▼

Typisch Die hellblauen, sternförmigen Blüten sind an ihrer Basis verwachsen.
Beschreibung Blüten bis 2 cm im Durchmesser, einzeln am blattlosen, vierkantigen Stängel. Blätter nicht rosettig, eiförmig bis lanzettlich.
Verbreitung Steinige, magere Böden. Vom Wallis bis zu den niederen Tauern, zwischen 1400 und 2500 m. Sehr selten.

Moorenzian

Swertia perennis
Enziangewächse
JULI–SEPT. 15–50 CM ▼

Typisch Die Kronblätter sind ausgebreitet und auf ihrer Oberseite dunkel gestreift und punktiert.
Beschreibung Blüten in lockeren Rispen. Stängel vierkantig. Blätter unten gegenständig, oben wechselständig.
Verbreitung In den gesamten Alpen, aber überall sehr selten.

Himmelsleiter

Polemonium caeruleum
Sperrkrautgewächse
JUNI–AUG. 30–120 CM ▼

Typisch Die treppenartig aufsteigenden gefiederten Blätter gaben der Himmelsleiter ihren Namen.
Beschreibung Krone himmelblau mit weißem Zentrum, bis 2 cm breit, am Grunde verwachsen. Stängel kantig, hohl.
Verbreitung Nährstoffreiche, feuchte Böden bis 2300 m: Wiesen, Hochstaudenfluren und Ufergebüsche. Selten.

Gewöhnlicher Natternkopf

Echium vulgare
Raublattgewächse
JUNI–SEPT. 20–100 CM

Typisch Die ganze Pflanze ist mit harten, leicht stechenden, borstigen Haaren besetzt.
Beschreibung Blütenfarbe von rosa nach blau wechselnd, Stängel mit dunklen Flecken. Blätter schmal-lanzettlich.
Verbreitung Trockene, steinige und nährstoffreiche Böden bis 2200 m: Wiesen und Wegränder. Häufig.

Himmelsherold

Eritrichum nanum
Raublattgewächse
JULI–AUG. 1–5 CM ▼

Typisch Die Blüten ähneln sehr dem Vergissmeinnicht, die Pflanze wächst aber polsterförmig.
Beschreibung Blüte mit gelbem Ring im Innern, unterhalb mit Tragblättern. Blätter nur bis 1 cm lang, seidig behaart.
Verbreitung Meist kalkarme und steinige Böden, zwischen 2000 und 3000 m: Felsspalten und -schutt. Selten.

Alpen-Vergissmeinnicht

Myosotis alpestris
Raublattgewächse
MAI–SEPT. 5–25 CM

Typisch In einem Blütenstand finden sich sowohl junge rotviolette und ältere blaue Blüten.
Beschreibung Blüten ohne Tragblätter, in der Mitte mit einem gelben Ring. Blätter gestielt, bis über 2 cm lang.
Verbreitung Nährstoffreiche, meist etwas feuchte Böden: steinige Rasen, Weiden und Staudenfluren. Häufig.

Südalpen-Lungenkraut

Pulmonaria australis
Raublattgewächse
APRIL–JUNI 15–40 CM ▼

Typisch Die Oberseite der Laubblätter trägt deutlich verschieden lange Haare.
Beschreibung Blüten erst rosa, dann blau, Kelch fünfkantig, höchstens bis zur Mitte eingeschnitten, Blätter nicht gefleckt.
Verbreitung Zentral- und Südalpen bis 2600 m: lichte Wälder, Rasen und Zwergstrauchheiden. Sehr selten.

Leberbalsam

Erinus alpinus
Wegerichgewächse
APRIL–JUNI 5–20 CM ▼

Typisch Zwei der fünf verwachsenen Kronblätter sind etwas schmaler und kürzer.
Beschreibung Blätter drüsig behaart, am Grunde in einer Rosette, Stängelblätter wechselständig.
Verbreitung Kalkreiche Böden, 600–2300 m: Felsspalten und -schutt. Zerstreut.

Kärntner Kuhtritt

Wulfenia carinthiaca
Wegerichgewächse
JULI–AUG. 20–50 CM ▼

Typisch Der dichte, traubige Blütenstand entspringt einer großen Blattrosette.
Beschreibung Traube einseitswendig. Stängel mit kleinen, unscheinbaren Blättern. Rosettenblätter bis 15 cm lang, verkehrt eiförmig.
Verbreitung Nur an der Grenze zwischen Kärnten und Friaul. Lokal nicht selten.

Armblütige Teufelskralle

Phyteuma globulariifolium
Glockenblumengewächse
JULI–SEPT. 3–7 CM

Typisch Das Blütenköpfchen der zierlichen Pflanze besteht aus 2–7 bis 1 cm langen, stark gekrümmten Blüten.
Beschreibung Blätter schmal-oval, nur 2–4-mal so lang wie breit, nicht oder an der Spitze gezähnt.
Verbreitung Steinige, kalkarme und humusreiche Böden bis über 3000 m: Grate, Felsspalten und -schutt. Sehr selten.

Halbkugelige Teufelskralle

Phyteuma hemisphaericum
Glockenblumengewächse
JULI–AUG. 5–30 CM

Typisch Die Blätter sind grasartig und rinnig.
Beschreibung Blüten bis 1,5 cm lang, krallenförmig in einem halbkugeligen Blütenstand. Blätter ganzrandig.
Verbreitung Vor allem zentrale Ketten der Alpen zwischen 1700 und 3000 m: Felsspalten und steinige Rasen. Auf kalkarmen, trockenen Böden häufig.

Kugelige Teufelskralle

Phyteuma orbiculare
Glockenblumengewächse
MAI–SEPT. 10–40 CM

Typisch Die bis 1,5 cm langen Blüten stehen zu 15–30 in kugeligen Köpfchen.
Beschreibung Grundblätter gestielt, eiförmig bis schmal-lanzettlich, am Rand gekerbt-gezähnt. Obere Stängelblätter sitzend.
Verbreitung Kalkreiche, steinige Böden bis 2500 m: Magerrasen, Flachmoore und lichte Wälder. Häufig.

Dolomiten-Teufelskralle

Phyteuma sieberi
Glockenblumengewächse
JULI–AUG. 5–30 CM

Typisch Die Blüten stehen zu 5–15 in kugeligen Köpfchen.
Beschreibung Grundblätter rundlich-eiförmig bis breit-lanzettlich, behaart, obere Stängelblätter sitzend.
Verbreitung Nur in den südlichen Kalkalpen zwischen 1600 und 2600 m, auf Felsen und steinigen Rasen. Zerstreut.

Scheuchzers Teufelskralle

Phyteuma scheuchzeri
Glockenblumengewächse
MAI–JULI 10–40 CM

Typisch Die kugeligen Blütenköpfe sind lang gestielt.
Beschreibung Blüten wenig gekrümmt. Hüllblätter unterhalb der Blütenköpfe lang abstehend. Stängelblätter sehr schmal, Blattrand gekerbt.
Verbreitung In Felsspalten der Zentral- und Südalpen zwischen 6000 und 2200 m. Zerstreut.

Eirunde Teufelskralle

Phyteuma ovatum
Glockenblumengewächse
JUNI–JULI 30–80 CM

Typisch Die Blüten sind schwarzviolett.
Beschreibung Blütenstand eiförmig, später walzlich. Blüten mit 2 Narben. Stängel bis oben beblättert. Grundblätter lang gestielt, herzförmig und gesägt.
Verbreitung Feuchte, nährstoffreiche Böden zwischen 1200 und 2100 m: Wiesen und Hochstaudenfluren. Zerstreut bis selten.

Ziestblättrige Teufelskralle

Phyteuma betonicifolium
Glockenblumengewächse
JULI–AUG. 20–60 CM

Typisch Die blauen, vor dem Aufblühen geraden Blüten sitzen dicht in einer eiförmig-walzlichen Ähre.
Beschreibung Grundblätter gestielt und schmal herzförmig, Stängelblätter schmal, obere sehr klein und sitzend.
Verbreitung Kalk- und nährstoffarme Böden bis 2600 m: Magerrasen, Waldränder. Zerstreut bis häufig.

Ährige Glockenblume

Campanula spicata
Glockenblumengewächse
JUNI–AUG. 15–80 CM ▼

Typisch Die Blüten stehen zahlreich in einer langen, lockeren Ähre und machen die Pflanze unverwechselbar.
Beschreibung Stängel nicht verzweigt. Pflanze rauhaarig. Blätter schmal-lanzettlich, am Stängel sitzend.
Verbreitung Kalkreiche, felsige und warme Böden: Magerrasen, Felsen und Schuttfluren. Zerstreut.

Bärtige Glockenblume

Campanula barbata
Glockenblumengewächse
JUNI–AUG. 10–50 CM

Typisch Im Innern der Blüte befinden sich lange Haare.
Beschreibung Blüten alle in eine Richtung nickend, bis 3 cm lang. Stängel nicht verzweigt. Blätter schmal-oval, borstlich behaart.
Verbreitung Nährstoff- und kalkarme Böden zwischen 1200 und 2700 m: Weiden, Rasen und Gebüsche. Zerstreut.

Knäuel-Glockenblume

Campanula glomerata
Glockenblumengewächse
MAI–SEPT. 15–70 CM

Typisch Die violetten Blüten stehen in den Achseln der oberen Stängelblätter und gehäuft am Stängelende.
Beschreibung Griffel kürzer als die Krone. Untere Stängelblätter gestielt, obere (fast) sitzend.
Verbreitung Nährstoffreiche, kalkhaltige und lehmige Böden bis auf 1800 m. Zerstreut.

Nesselblättrige Glockenblume

Campanula trachelium
Glockenblumengewächse
JULI–AUG. 50–100 CM

Typisch Die Blätter erinnern an Brennnesseln.
Beschreibung Blüten bis 5 cm groß, an den Zipfeln bewimpert. Stängel kantig, wie die Blätter steif behaart. Untere Stängelblätter gestielt, obere sitzend.
Verbreitung In den gesamten Alpen bis auf 1700 m. Nährstoffreiche Böden in Wäldern und Gebüschen. Zerstreut.

Alpen-Glockenblume

Campanula alpina
Glockenblumengewächse
JUNI–AUG. 5–20 CM ▼

Typisch Die Blüten beginnen bereits knapp über dem Boden.
Beschreibung Krone an den Zipfeln behaart. Blätter und Stängel weiß-wollig behaart. Blätter länglich, mit einer weißen Mittelrippe.
Verbreitung Nur in den Ostalpen, bis auf 2400 m steigend, vorwiegend auf kalkarmen Böden. Selten.

Zois-Glockenblume

Campanula zoysii
Glockenblumengewächse
JULI–AUG. 2–10 CM ▼

Typisch Durch die nach innen geneigten Kronzipfel ist die Blüte fast verschlossen.
Beschreibung Blüte bis 2 cm lang, innen dicht weißhaarig. Grundblätter klein, löffelförmig, Pflanze kahl.
Verbreitung Nur in den Südost-Alpen zwischen 1500 und 2300 m auf Kalk: Felsspalten und -schutt. Selten.

Mont-Cenis-Glockenblume

Campanula cenisia
Glockenblumengewächse
JULI–SEPT. 2–5 CM ▼

Typisch Die trichterförmigen Blüten sind mit langen Kronzipfeln weit geöffnet.
Beschreibung Krone bis zur Hälfte eingeschnitten. Stängel bis unter die Blüte beblättert. Blätter eiförmig, ganzrandig.
Verbreitung Westalpenpflanze bis zum östlichen Tirol. Steigt über 3000 m: Kalkschutt und Moränen. Selten.

Zierliche Glockenblume

Campanula cochleariifolia
Glockenblumengewächse
JUNI–SEPT. 5–15 CM ▼

Typisch Die Pflanze besitzt runde, fast löffelartige Grundblätter und längliche Stängelblätter.
Beschreibung Blüte nur wenig eingeschnitten. Stängelblätter kurzborstlich behaart und gesägt–gezähnt.
Verbreitung Steinige, kalkhaltige und sickerfeuchte Böden: Felsspalten und -schutt. Zerstreut.

Rautenblättrige Glockenblume

Campanula rhomboidalis
Glockenblumengewächse
JULI–AUG. 20–70 CM

Typisch Unter der weitglockigen Krone stehen die schmalen Kelchblätter ab.
Beschreibung Stängel kantig, nicht oder nur an den Kanten behaarte Blätter, länglich-lanzettlich.
Verbreitung Westalpenpflanze, östlich bis zum Rhein, bis auf 1800 m: feuchte Wiesen auf kalkhaltigem Boden. Selten.

Schleuchzers Glockenblume

Campanula schleuchzeri
Glockenblumengewächse
JULI–AUG. 5–40 CM

Typisch Die großen, glockenförmigen Blüten wirken fast überdimensioniert für die zarte Pflanze.
Beschreibung Blüte vor dem Aufblühen nickend. Stängelblätter sitzend, schmallanzettlich, an der Basis bewimpert.
Verbreitung Nährstoff- und kalkarme, steinige Böden bis 3100 m: Rasen, Schutt und Heiden. Zerstreut.

Rasige Glockenblume

Campanula cespitosa
Glockenblumengewächse
JUNI–AUG. 15–70 CM

Typisch Im unteren Teil des Stängels stehen die länglich-schmalen Blätter dicht zusammen.
Beschreibung Kelchblätter anliegend. Rosettenblätter rundlich, keilförmig in den Stiel verschmälert.
Verbreitung In den Ostalpen auf Kalk, westlich bis zum Brenner, bis 3000 m: Felsspalten und -schutt. Zerstreut.

Leberblümchen

Hepatica nobilis
Hahnenfußgewächse
APRIL–JUNI 5–15 CM ▼ (☠)

Typisch Unterhalb der Blüte finden sich drei kelchartige Hochblätter.
Beschreibung Blüten mit 6–10 Kronblättern. Blätter dreilappig, nach der Blüte, unterseits rotbraun.
Verbreitung Kalkhaltige Böden in Laubwäldern oder in Gebüschen, vom Tiefland bis auf 1900 m. Zerstreut.

Alpen-Aster

Aster alpinus
Korbblütler
JUNI–SEPT. 5–30 CM ▼

Typisch Die auffälligen, bis 5 cm großen blau- bis rotvioletten Blütenkörbchen stehen einzeln auf behaarten Stängeln.
Beschreibung Blüte mit inneren gelben Röhrenblüten und randlichen Zungenblüten. Blätter ganzrandig, behaart.
Verbreitung Nährstoffarme, meist kalkreiche Böden, 900 und 3000 m: Magerrasen und Felsen. Zerstreut.

Niederliegender Enzian

Gentiana prostrata
Enziangewächse
JUNI–AUG. 2–8 CM ▼

Typisch Hellblaue Enzianblüten sind im oberen Teil in 8–10 Zipfel gegliedert.
Beschreibung Kelch 5-kantig, aber nicht geflügelt. Zweige liegen meist am Boden. Blätter oval, gegenüberliegende verwachsen.
Verbreitung Feuchte, nährstoffreiche steinige Böden bis 2800 m: Rasen und Schutt. Selten.

Berg-Flockenblume

Centaurea montana
Korbblütler
MAI–OKT. 20–60 CM ▼

Typisch Die Blüten sind 2-farbig: die äußeren Blüten blau, die inneren rot.
Beschreibung Fransen der Hüllblätter schwarz, so lang wie deren Rand. Blätter lanzettlich, fein gezähnt, am Stängel herab laufend.
Verbreitung Feuchte, nährstoffreiche Böden, gerne auf Kalk, bis 2300 m: Alpine Rasen, Weiden und Gebüsche.

Filz-Flockenblume

Centaurea triumfettii
Korbblütler
JUNI–AUG. 15–60 CM ▼

Typisch Die Blätter sind auf beiden Seiten graufilzig.
Beschreibung Fransen der Hüllblätter bräunlich, doppelt so lang wie deren Rand. Blätter schmal-lanzettlich, beiderseits graufilzig, kurze Blattstiele.
Verbreitung Trockene, kalkreiche Böden bis 2000 m: Bergwiesen, lichte Wälder und Gebüsche. Zerstreut.

Gewöhnliche Alpenscharte

Saussurea alpina
Korbblütler
JULI–AUG. 5–20 CM ▼

Typisch Der doldige Blütenstand besteht aus 5–20 Blütenkörbchen.
Beschreibung Körbchen 1 cm im Durchmesser. Blätter lanzettlich und ganzrandig, unten filzig, aber nicht weiß.
Verbreitung Steinige, gerne kalkarme Böden zwischen 1800 und über 3000 m: Grate, Felsspalten und -schutt. Selten.

Zweifarbige Alpenscharte

Saussurea discolor
Korbblütler
JULI–SEPT. 5–30 CM ▼

Typisch Die Blätter sind auf der Unterseite schneeweiß.
Beschreibung Blüten zu 3–8, stark nach Vanille duftend. Stängel filzig behaart. Blätter meist schmal dreieckig, lang zugespitzt, unregelmäßig gezähnt.
Verbreitung Steinige, kalkhaltige Böden bis 2800 m: steinige Rasen und Felsspalten. Selten.

Zwerg-Alpenscharte

Saussurea pygmaea
Korbblütler
JULI–AUG. 5–20 CM ▼

Typisch Auf dem filzigen Stängel sitzt ein endständiges Blütenköpfchen.
Beschreibung Körbchen etwa 3 cm im Durchmesser. Stängel filzig. Raue Blätter lineal-lanzettlich, unterseits grau.
Verbreitung Nur in den Ostalpen, bis 2500 m. Kalkhaltige Böden: steinige Rasen, Felsspalten und -schutt. Selten.

Alpen-Milchlattich

Cicerbita alpina Korbblütler
JULI–SEPT. 50–200 CM

Typisch Die Blüten stehen in einer endständigen Rispe auf einem braunroten, dicht behaarten Stängel.
Beschreibung Blätter fiederteilig, mit einem großen dreieckigen Endabschnitt, unterseits blaugrün.
Verbreitung Feuchte, nährstoffreiche Böden, gerne auf Kalk. Zwischen 1000 und 2000 m: Hochstaudenfluren und Wälder. Zerstreut.

Blauer Eisenhut

Aconitum napellus
Hahnenfußgewächse
JUNI–AUG. 30–200 CM ▼ ☠

Typisch Der Helm der Blüten ist breiter als hoch.
Beschreibung Blüten in einer Traube, selten verzweigt. Blüten blauviolett, selten weiß, einfarbig. Blätter bis zum Grund geteilt. Stark giftig.
Verbreitung In den gesamten Alpen bis auf 2500 m: Hochstauden- und Lägerfluren, Ufer. Häufig.

Bunter Eisenhut

Aconitum variegatum
Hahnenfußgewächse
JULI–SEPT. 30–200 CM ▼ ☠

Typisch Der Helm der Blüten ist höher als breit.
Beschreibung Blütenstand meist rispig. Blüten hellviolett, oft gescheckt. Blätter netznervig. Stark giftig!
Verbreitung Stärker östlich verbreitet, bis auf 2200 m steigend. Feuchte, nährstoffreiche Böden: Hochstauden- und Uferfluren. Zerstreut.

Gesporntes Veilchen

Viola calcarata Veilchengewächse
JUNI–AUG. 3–12 CM ▼

Typisch Die Blüte läuft in einen 8–15 mm langen, nach oben gebogenen Sporn aus.
Beschreibung Blüten 2,5–4 cm, gelber Fleck und dunkle Striche in der Mitte. Blätter oval, alle grundständig, auf jeder Seite mit 1–3 Kerben.
Verbreitung Westalpenpflanze, östlich bis Tirol. Steinige Böden bis 3000 m: Weiden und Felsschutt. Häufig.

Ostalpen-Veilchen

Viola alpina Veilchengewächse
MAI–JULI 4–10 CM

Typisch Die violetten Blüten haben innen einen weißen Fleck und dunkle, strahlenförmige Striche.
Beschreibung Blüten bis 3 cm groß, mit einem 3–4 mm kurzen Sporn. Blätter oval, alle grundständig.
Verbreitung Nur in den Nordöstlichen Kalkalpen, bis 2200 m. Steinige Böden: Magerrasen und Felsschutt. Zerstreut bis selten.

Mont-Cenis-Veilchen

Viola cenisia
Veilchengewächse
JUNI–AUG. 5–20 CM ▼

Typisch Die Blätter sind ganzrandig, ohne Kerben.
Beschreibung Pflanze mit Ausläufern. Blüten 2–2,5 cm im Durchmesser. Sporn 5–10 mm lang, kleiner gelber Fleck in der Mitte, ohne Striche. Blätter breit-eiförmig.
Verbreitung Nur in den Westalpen, bis auf 2900 m. Vor allem in Kalkschuttfluren. Selten.

Fieder-Veilchen

Viola pinnata
Veilchengewächse
MAI–JUNI 3–10 CM ▼

Typisch Blätter tief handförmig eingeschnitten mit 5–9 Abschnitten.
Beschreibung Blüten blassviolett, im Schlund behaart, 1–1,5 cm lang, duftend. Blätter grundständig und lang gestielt.
Verbreitung Zwischen 1000 und 2500 m, nährstoffarme, feuchte, kalkhaltige Böden: Magerrasen, Felsspalten und -schutt. Selten.

Sumpf-Veilchen

Viola palustris Veilchengewächse
MAI–JULI 5–15 CM

Typisch Von der Mitte der blassvioletten Blüten verlaufen dunkle Striche nach außen.
Beschreibung Blüten bis 2 cm lang. Blätter grundständig, rundlich und gekerbt.
Verbreitung Bis 1800 m, seltener bis 2500 m. Auf nassen, sauren, oft torfigen Böden: Quellfluren, Niedermoore und an Gräben und Ufern. Zerstreut.

Vogel-Wicke

Vicia cracca
Schmetterlingsblütler
JUNI–AUG. 30–150 CM

Typisch Die Blütenstände sind einseitig ausgerichtet und bestehen aus 10–40 blauvioletten Blüten.
Beschreibung Blütenstände lang gestielt. Blätter mit 12–30 Teilblättchen und einer Ranke an der Spitze.
Verbreitung Nährstoffreiche lehmige Böden bis auf 2000 m: Wiesen und Gebüsche. Zerstreut.

Berg-Spitzkiel

Oxytropis jacquinii
Schmetterlingsblütler
JULI–AUG. 5–15 CM

Typisch Das Schiffchen der Schmetterlingsblüte ist auffallend spitz.
Beschreibung Blätter gestielt, mit 15–35 Teilblättchen, diese eiförmig lanzettlich, seidig behaart. Frucht aufgeblasen.
Verbreitung Steinige, kalkhaltige Böden zwischen 1500 und 2800 m: Rasen, Grate und Schutt. Zerstreut.

Hallers Spitzkiel

Oxytropis halleri
Schmetterlingsblütler
MAI–JULI 5–20 CM

Typisch Die ganze Pflanze ist lang und abstehend behaart.
Beschreibung Blüten lila bis hellviolett, ohne Stängel. Blütenstiele sind grundständig, Blätter sind ungestielt.
Verbreitung Trockene, oft windexponierte Standorte zwischen 1500 und 2700 m: Grate und offene Rasen. Selten.

Bittere Kreuzblume

Polygala amara
Kreuzblumengewächse
MAI–AUG. 5–20 CM

Typisch Die eiförmigen Rosettenblätter sind größer als die spitzen Stängelblätter.
Beschreibung Blüten blaulila, mit weißlichem gefransten Anhängsel. Pflanze am Boden liegend, am Grund verzweigt. Laubblätter schmecken bitter.
Verbreitung Kalkreiche Böden bis 2200 m: steinige Rasen, lichte Wälder und Quellfluren. Zerstreut.

Voralpen-Kreuzblume

Polygala alpestris
Kreuzblumengewächse
JUNI–JULI 5–15 CM

Typisch Die Stängelblätter werden von unten nach oben größer.
Beschreibung Blüten blau, mit weißlichem gefransten Anhängsel. Alle Blätter am Stängel, im unteren Teil einander genähert, aber ohne Rosette.
Verbreitung Trockene, kalkreiche Böden zwischen 1200 bis 2700 m: Magerrasen und Heiden. Zerstreut.

Pyramiden-Günsel

Ajuga pyramidalis
Lippenblütler
APRIL–JUNI 5–30 CM

Typisch Die oberen Blätter sind meist violett überlaufen und deutlich länger als die Blüten.
Beschreibung Pflanze mit Blattrosette, deren Blätter deutlich größer sind als die Stängelblätter.
Verbreitung Nährstoff- und kalkarme alpine Magerrasen zwischen 1300 und bis 2700 m. Zerstreut.

Kriechender Günsel

Ajuga reptans
Lippenblütler
MAI–JUNI 10–30 CM

Typisch Die Pflanze verbreitet sich mit beblätterten Ausläufern.
Beschreibung Blütenstand ährig. Stängel vierkantig, auf zwei Seiten behaart. Blätter im Blütenstand ungeteilt.
Verbreitung Nährstoffreiche, etwas feuchte Lehmböden bis 2000 m: Wiesen, Gebüsche und Wege. Häufig, über 1500 m seltener.

Nordischer Drachenkopf

Dracocephalum ruyschiana
Lippenblütler
JULI–AUG. 10–30 CM ▼

Typisch Blaue Blüten sind bis 3 cm lang und sitzen endständig übereinander.
Beschreibung Blätter schmal, lineal-lanzettlich, mit einem auffälligen Mittelnerv, Ränder eingerollt. Obere Stängelblätter sitzend.
Verbreitung Trockene, steinige Böden bis 2200 m: lichte Wälder und Bergwiesen. Sehr selten.

Pyrenäen-Drachenmaul

Horminum pyrenaicum
Lippenblütler
JUNI–AUG. 10–40 CM

Typisch Die ährig angeordneten, violetten Blüten wenden sich alle in eine Richtung.
Beschreibung Blätter in grundständiger Rosette, lang gestielt, am Rand gekerbt, runzelig.
Verbreitung Nährstoffarme, kalkreiche Böden zwischen 1600 und 2900 m: Wiesen und Weiden. Zerstreut.

Große Braunelle

Prunella grandiflora
Lippenblütler
JUNI–AUG. 5–25 CM ▼

Typisch Die violetten Blüten sind dicht in einem köpfchenartigen Blütenstand zusammengesetzt.
Beschreibung Unterlippe der Blüten gleichmäßig gezähnt. Blütenstand 1–5 cm über oberem Laubblattpaar.
Verbreitung Nährstoffarme, trockene Böden bis 2000 m: lichte Wälder und Trockenrasen. Zerstreut.

Alpen-Helmkraut

Scutellaria alpina
Lippenblütler
JUNI–SEPT. 10–30 CM

Typisch Die Blüten stehen in 4 Reihen übereinander.
Beschreibung Tragblätter der Blüten dachziegelartig übereinander und oft violett überlaufen. Stängel abstehend behaart.
Verbreitung Steinige, kalkhaltige Böden zwischen 1500 und 2500 m: offene Rasen und Felsschutt. Selten.

Alpen-Leinkraut

Linaria alpina
Wegerichgewächse
JUNI–SEPT. 5–25 CM ▼

Typisch Durch die ungewöhnliche Farbkombination der Blüten, blauviolett mit orange, ist das Alpen-Leinkraut unverwechselbar.
Beschreibung Blätter je zu 3–4 in Quirlen, bläulich bereift und etwas fleischig.
Verbreitung Kalkhaltige, feuchte und steinige Böden bis 3000 m: Felsschutt und steinige Rasen. Häufig.

Herzblättrige Kugelblume

Globularia cordifolia
Wegerichgewächse
MAI–AUG. 5–10 CM

Typisch Durch die vordere Einbuchtung der Blätter erinnern diese an ein Herz.
Beschreibung Pflanze wächst teppichartig. Blütenköpfe ca. 1,5 cm im Durchmesser. Blätter bis 4 cm lang.
Verbreitung Kalkreiche, felsige Böden bis 2800 m: steinige Rasen, Grate, Felsen und Schuttfluren. Zerstreut.

Nacktstängelige Kugelblume

Globularia nudicaulis
Wegerichgewächse
JUNI–AUG. 5–25 CM

Typisch Die Stängel sind blattlos.
Beschreibung Blütenköpfe um 2 cm im Durchmesser. Blätter in einzelnen Rosetten, bis 15 cm lang und 3 cm breit, an der Spitze am breitesten.
Verbreitung Schwerpunkt in den Ostalpen auf kalkhaltigen Böden bis 2600 m: steinige Rasen, lichte Wälder und Gebüsche. Zerstreut.

Alpenhelm

Bartsia alpina
Sommerwurzgewächse
JUNI–AUG. 5–20 CM

Typisch Die obere Blätter verstärken durch ihre blütenähnliche Farbe die Attraktivität für Insekten.
Beschreibung Pflanze drüsig-zottig behaart. Blätter kreuzweise gegenständig angeordnet.
Verbreitung Nasse, nährstoffreiche und humose Böden: Schneetälchen, Quell- und Flachmoore bis 2500 m. Selten.

Alpen-Augentrost

Euphrasia alpina
Sommerwurzgewächse
MAI–SEPT. 3–20 CM

Typisch Die lilaweißen Blüten haben auf der Unterlippe einen gelben Fleck.
Beschreibung Pflanze bereits am Grund verzweigt. Blüte mit dunklen Strichen. Blätter eiförmig, sitzend, mit groben Zähnen.
Verbreitung Auf kalkarmen Wiesen und Weiden mit Schwerpunkt Zentralalpen, zwischen 1800 und 2700 m. Zerstreut.

Gewöhnliches Fettkraut

Pinguicula vulgaris
Wasserschlauchgewächse
MÄRZ–JUNI 5–15 CM

Typisch Mit seinen klebrigen, fleischigen Blättern fängt das Fettkraut Insekten.
Beschreibung Blüten blauviolett mit weißem Fleck auf der Unterlippe, Sporn 3–6 mm lang. Blätter gelbgrün, am Rand leicht nach oben eingerollt.
Verbreitung Nährstoffarme Böden: Quellfluren, überrieselte Felsen und Moore bis 2200 m. Zerstreut.

130–131

Wald-Witwenblume

Knautia dipsacifolia
Geißblattgewächse
JUNI–SEPT. 30–100 CM

Typisch Der blühende Trieb trägt halbkugelige Blütenköpfchen.
Beschreibung Blüten violett, manchmal rot, mit 4 Zipfeln. Stängel dicht borstlich behaart. Blätter alle ungeteilt.
Verbreitung Feuchte, oft halbschattige Böden bis 2200 m: Hochstaudenfluren und lichte Wälder. Häufig.

Langblättrige Witwenblume

Knautia longifolia
Geißblattgewächse
JULI–AUG. 30–80 CM

Typisch Die Blätter sind lang und schmal mit einer hellen Mittelrippe.
Beschreibung Köpfchen 4–6 cm im Durchmesser. Blüten rotviolett. Stängel oben behaart, unten kahl.
Verbreitung Vor allem in den zentralen Ostalpen bis 2300 m: Weiderasen und Hochstaudenfluren. Zerstreut.

Glänzende Skabiose

Scabiosa lucida
Geißblattgewächse
JUNI–SEPT. 15–40 CM

Typisch Die flächigen Blätter glänzen auf der Oberseite.
Beschreibung Blüten am Rand der 2–4 cm breiten Blütenköpfchen vergrößert. Schwarze Kelchborsten zwischen den Einzelblüten. Grundblätter gefiedert.
Verbreitung Steinige, meist kalkhaltige Böden bis 2200 m: Rasen, Schutthalden und Moränen. Zerstreut.

Kleine Wiesenraute

Thalictrum minus
Hahnenfußgewächse
MAI–AUG. 15–150 CM ▼

Typisch Pflanze mit auffallenden, gelben Staubfäden.
Beschreibung Blüten in einer lockeren Rispe, unscheinbare, hellgelbe Blütenblätter. Blätter mehrfach gefiedert, dadurch fast farnartig.
Verbreitung Trockene steinige Böden: Wiesen und lichte Wälder. Zerstreut.

Gelber Alpen-Mohn

Papaver alpinum ssp. *rhaeticum*
Mohngewächse
JULI–AUG. 5–20 CM ▼

Typisch Die Blüten leuchten goldgelb.
Beschreibung Blüten bis 5 cm groß. Grundblätter einfach gefiedert, Fiedern stumpf. Pflanze mit weißem Milchsaft.
Verbreitung Vor allem in den Südwest- und Südalpen, bis auf 3000 m, kalkliebend: Felsschutt und Moränen. Zerstreut.

Zypressen-Wolfsmilch

Euphorbia cyparissias
Wolfsmilchgewächse
MAI–JULI 15–45 CM ☠

Typisch Die schmalen, blaugrünen Blätter sind wie ein Nadelzweig angeordnet.
Beschreibung Blüten in einem doldenartigen Blütenstand. Sehr kleine Büten von 2 gelben Hochlättern umgeben, weißer Milchsaft.
Verbreitung In den Alpen bis auf etwa 2500 m. Trockene Böden: Rasen und Schutthalden. Zerstreut.

Alpen-Steinkraut

Alyssum alpestre
Kreuzblütler
JUNI–JULI 5–25 CM

Typisch Die kleinen sattgelben Blüten sind in dichten, köpfchenartigen Trauben angeordnet.
Beschreibung Pflanze posterbildend. Blätter filzig behaart, graugrün. Schötchen rundlich-oval, behaart.
Verbreitung Westalpenpflanze, östlich bis zum Wallis, bis auf 3000 m steigend, auf Felsen und Schutt. Selten.

Brillenschötchen

Biscutella laevigata
Kreuzblütler
MAI–JULI 10–30 CM

Typisch Die Früchte sehen brillenförmig aus.
Beschreibung Blüten hellgelb. Grundblätter in einer Rosette, schmal-lanzettlich, 3–12 cm lang, kurzgestielt. Stängelblätter sitzend.
Verbreitung Nährstoffarme, kalkreiche Böden zwischen 800 und 2800 m: Rasen, Weiden und Felsschutt. Zerstreut.

Quirlblättrige Zahnwurz

Cardamine enneaphyllos
Kreuzblütler
MAI–JULI 20–30 CM

Typisch Die 3-geteilten Blätter stehen meist zu 3 am oberen Ende des sonst blattlosen Stängels.
Beschreibung Blütenstand nickend. Blüten 1–2 cm lang, gelblich-weiß, in einer doldigen Traube, Grundblätter erscheinen nach der Blüte.
Verbreitung Laubwälder der östlichen Alpen bis 1600 m, auf Kalk. Zerstreut.

Stumpfkantige Hundsrauke

Erucastrum nasturtiifolium
Kreuzblütler
MAI–SEPT. 30–80 CM

Typisch Die sattgelben Blüten erreichen mehr als 2,5 cm im Durchmesser.
Beschreibung Kelchblätter behaart, fast waagerecht abstehend. Stängel am Grunde behaart. Blätter fiederteilig, mit jederseits 4–8 Abschnitten.
Verbreitung Feuchte und kalkreiche Böden bis 1900 m: Auen, Fluss- und Seeufer. Zerstreut.

Rainfarnblättrige Rauke

Hugueninia tanacetifolia
Kreuzblütler
JUNI–AUG. 20–100 CM

Typisch Die Blätter sind farnartig.
Beschreibung Doldenartige Rispe. Blüten bis 8 mm im Durchmesser. Stängel beblättert, flaumig behaart. Schoten nahezu vierkantig.
Verbreitung Westalpen bis zum Wallis, bis 2500 m, feuchte, nährstoffreiche Böden: Hochstauden- und Lägerfluren. Zerstreut.

Immergrünes Felsenblümchen

Draba aizoides
Kreuzblütler
APRIL–AUG. 5–15 CM ▼

Typisch Die Grundblätter stehen in einer halbkugeligen Rosette.
Beschreibung Blüten bis 1 cm breit zu 5–10. Stängel blattlos. Blätter lineal, dicklich und wie die Schötchen bewimpert.
Verbreitung Steinige, kalkreiche Böden: Felspalten, Gesteinsschutt und Grate zwischen 1500 und 3000 m. In den Kalkalpen häufig, sonst selten.

Hoppes Felsenblümchen

Draba hoppeana
Kreuzblütler
APRIL–AUG. 1–5 CM ▼

Typisch Die starren und gekielten Rosettenblätter sind am Rand bewimpert.
Beschreibung Blüten zu 1–5 am blattlosen Stängel. Blätter lineal-lanzettlich. Rosetten fast kugelig.
Verbreitung Steinig-grusige Böden, vor allem auf Kalkschiefer zwischen 1500 und 3000 m: Schneetälchen und Gesteinsschutt. Selten.

Schweizer Schöterich

Erysimum rhaeticum
Kreuzblütler
MAI–AUG. 10–50 CM

Typisch Die Blüten duften stark.
Beschreibung Blüten 12–20 mm im Durchmesser. Blätter schmal-lanzettlich, ober- und unterseits anliegend behaart.
Verbreitung Westalpenpflanze, östlich bis zur Etsch, seltener im Norden. Steinige, kalkarme Böden: Trockenrasen, Felsen und Felsschutt. Zerstreut.

Rosenwurz

Rhodiola rosea
Dickblattgewächse
JULI–AUG. 10–40 CM ▼

Typisch Die meist vierzähligen Blüten stehen in einem dichten, doldigen Blütenstand und sind oft an der Spitze rot.
Beschreibung Weibliche Blüten auch ohne Kronblätter. Blätter flach, fleischig und gezähnt. Heilpflanze.
Verbreitung Steinige, meist kalkarme Böden bis 3000 m: Moränen, Felsspalten und -schutt. Zerstreut.

Blutwurz

Potentilla erecta
Rosengewächse
MAI–SEPT. 15–30 CM

Typisch Die Blüten bestehen aus 4 Kronblättern, die außen leicht eingebuchtet sind.
Beschreibung Staubblätter zahlreich, Stängelblätter dreiteilig, alle sitzend. Heilpflanze und zur Spirituosenherstellung.
Verbreitung Feuchte und humose Böden bis 2500 m: Wiesen, Weiden und Moore. Häufig.

Gelbes Mänderle

Paederota lutea
Wegerichgewächse
MAI–JULI 5–10 CM

Typisch Die Blätter sind nesselartig, aber weich, mit mehr als 10 Sägezähnen an jeder Seite.
Beschreibung Pflanze mäßig überhängend. Blüten 4-zipfelig bis 2-lippig. Blütenstiele dicht behaart.
Verbreitung Nur in den südöstlichen und nordöstlichen Kalkalpen bis 2500 m: Felsspalten und -schutt. Selten.

Alpen-Schuppenkopf

Cephalaria alpina
Geißblattgewächse
JULI–AUG. 60–100 CM ▼

Typisch Die halbkugeligen, hellgelben Blütenköpfchen sind unverwechselbar.
Beschreibung Blütenköpfchen 2,5–5 cm im Durchmesser. Kronblätter außen behaart. Blätter fiederteilig.
Verbreitung Westalpenpflanze, östlich bis Voralberg, bis 1800 m: Hochstaudenfluren und Gebüsche auf kalkhaltigem Boden. Selten.

Sumpfdotterblume

Caltha palustris
Hahnenfußgewächse
MÄRZ–JUNI 15–50 CM ▼ ☠

Typisch Die dottergelben Blüten glänzen fettig.
Beschreibung Blütenstiele bogig aufsteigend, Laubblätter herz–nierenförmig, bis 15 cm im Durchmesser.
Verbreitung In den gesamten Alpen vom Tiefland bis 2400 m verbreitet, auf nassen oder torfigen Böden: Bachufer und quellige Bereiche. Häufig.

Bastard-Hahnenfuß

Ranunculus hybridus
Hahnenfußgewächse
JULI–AUG. 5–15 CM ▼ ☠

Typisch Die Grundblätter sind hahnenkammartig gesägt.
Beschreibung Blüten klein, bis 1,5 cm im Durchmesser. Grundblätter meist 1–2, fleischig-ledrig, oft bereift.
Verbreitung In den nördlichen und südlichen Ketten der Ostalpen bis 2500 m, kalkliebend: Schneetälchen, Felsschutt und -spalten. Zerstreut.

Brennender Hahnenfuß

Ranunculus flammula
Hahnenfußgewächse
JULI–OKT. 15–50 CM ☠

Typisch Alle Blätter sind schmal-lanzettlich und ungeteilt.
Beschreibung Pflanze in unterschiedlichen Wuchsformen, oben verzweigt. Blüten blassgelb, 0,5–2 cm im Durchmesser. Untere Blätter langgestielt.
Verbreitung (Wechsel-)nasse Böden auf Wiesen, Weiden und Mooren. Unter 1500 m häufig, darüber seltener.

Berg-Hahnenfuß

Ranunculus montanus
Hahnenfußgewächse
MAI–AUG. 5–30 CM ▼ ☠

Typisch Die großen Blüten sind goldgelb glänzend.
Beschreibung Blüten bis 3,5 cm im Durchmesser, 1–3 Blüten pro Blütenstand, Grundblätter handförmig geteilt, Mittellappen sitzend.
Verbreitung Auf feuchten Weiden, Flachmoorwiesen und Schneetälchen. In den Kalkalpen häufig, sonst eher selten.

Wolliger Hahnenfuß

Ranunculus lanuginosus
Hahnenfußgewächse
JUNI–AUG. 30–70 CM ☠

Typisch Die gesamte Pflanze ist abstehend behaart.
Beschreibung Goldglänzende Kronblätter. Stängel verzweigt und vielblütig. Blätter handförmig geteilt und unregelmäßig gesägt.
Verbreitung Zwischen 1000 und 2000 m auf feuchten, humosen Böden: in Wäldern und Hochstaudenfluren. Häufig.

Scharfer Hahnenfuß

Ranunculus acris
Hahnenfußgewächse
MAI–SEPT. 30–100 CM ☠

Typisch Grundblätter und Stängelblätter sind unterschiedlich geformt.
Beschreibung Blüten 1–2,5 cm im Durchmesser, goldgelb und glänzend, Grundblätter 3–7-teilig.
Verbreitung Im gesamten Alpenraum bis über 2000 m, feuchte, stickstoffreiche Lehmböden: auf Wiesen und Weiden sowie am Wegrand. Häufig.

138–139

Kriechender Hahnenfuß

Ranunculus repens
Hahnenfußgewächse
MAI–AUG. 15–60 CM (☠)

Typisch Die Pflanze bildet kriechende Ausläufer.
Beschreibung Blüten 2–3 cm im Durchmesser, goldgelb, glänzend. Blütenstiele gefurcht, Grundblätter 3-zählig mit deutlich gestieltem Mittellappen.
Verbreitung Feuchte, nährstoffreiche Böden: nasses Grünland, Wege und Unkrautfluren bis 2400 m. Häufig.

Geflecktes Johanniskraut

Hypericum maculatum
Johanniskrautgewächse
JUNI–AUG. 20–60 CM (☠)

Typisch Der Stängel ist vierkantig.
Beschreibung Blüten bis 2 cm im Durchmesser, beim Zerreiben rot. Kronblätter auf der Unterseite mit schwarzen Punkten. Blätter im Gegenlicht nicht punktiert.
Verbreitung Verbreitet auf Wiesen und Weiden, Magerrasen und in Gebüschen bis 2300 m. Häufig.

Gewöhnliches Sonnenröschen

Helianthemum nummularium
Zistrosengewächse
MAI–SEPT. 10–30 CM

Typisch Die Blätter haben Nebenblätter.
Beschreibung Blüten 2–3 cm im Durchmesser. Stängel niederliegend oder aufsteigend. Blätter lineal-lanzettlich.
Verbreitung In den gesamten Alpen mit vielen Unterarten bis auf 2700 m. Trockene, nährstoffreiche Böden: Rasen und Felsschutt. Zerstreut.

Alpen-Sonnenröschen

Helianthemum alpestre
Zistrosengewächse
JULI–AUG. 5–15 CM

Typisch Die Blätter besitzen keine Nebenblätter.
Beschreibung Polsterartiger Wuchs. Blüten 1–2 cm im Durchmesser, Stängel 1–5-blütig. Blätter lineal-lanzettlich.
Verbreitung Vor allem in den Kalkgebieten der Alpen bis auf 2900 m, steinige Rasen, oft windexponierte Standorte. Zerstreut bis selten.

Goldprimel

Androsace vitaliana Primelgewächse
MAI–JULI 2–5 CM ▼

Typisch Die Blüten sind kurzgestielt, goldgelb und ragen aus dem Polster heraus.
Beschreibung Kronröhre 1 cm lang. Blätter schmal-lanzettlich, in Rosetten, am Rand weiß und unterseits behaart.
Verbreitung Schwerpunkt in den Westalpen. Gerne kalkarme Böden bis 3000 m: Schneetälchen und Felsschutt. Selten.

Alpen-Aurikel

Primula auricula
Primelgewächse
APRIL–JUNI 5–25 CM ▼

Typisch Die rosettigen Blätter sind kahl, dicklich und oft weiß bestäubt.
Beschreibung Blütenstand doldenartig. Blüten leuchtend gelb, innen mit weißem Ring. Blätter mit hellem, knorpeligem Rand.
Verbreitung Vor allem in den Kalkalpen bis 2500 m: steinige Rasen, Felsen und Moore. Selten.

Hohe Schlüsselblume

Primula elatior
Primelgewächse
MÄRZ–MAI 10–30 CM ▼

Typisch Die hellgelben Blüten haben innen einen orangefarbenen Ring.
Beschreibung Kelch eng der Kronröhre anliegend. Blätter runzelig, beiderseits behaart. Alte Heilpflanze.
Verbreitung Nährstoffreiche, feuchte lehmige Böden zwischen 300 und 2300 m: Wälder Wiesen und Gebüsche. Häufig.

Wiesen-Schlüsselblume

Primula veris Primelgewächse
MÄRZ–APRIL 10–25 CM ▼

Typisch Die goldgelben Blüten sind innen mit fünf orangeroten Flecken versehen.
Beschreibung Kelch bauchig, der Kronröhre nicht anliegend. Blätter oberseits kahl. Alte Heilpflanze.
Verbreitung Nährstoffarme, trockene und kalkreiche Böden zwischen 400 und 2200 m: Wälder, Wiesen und Gebüsche. Zerstreut.

Alpen-Mauerpfeffer

Sedum alpestre
Dickblattgewächse
JUNI–AUG. 2–8 CM ▼ (☠)

Typisch Die Blüten sind mit 5–10 mm im Durchmesser im Vergleich zu anderen Mauerpfeffer-Arten eher klein.
Beschreibung Kronblätter stumpf. Pflanze mit nichtblühenden Sprossen. Blätter ohne Sporn.
Verbreitung Feuchte und steinige Böden zwischen 1500 und 3500 m: Schneetälchen, Felsen, Schutt, Moränen. Häufig.

Scharfer Mauerpfeffer

Sedum acre
Dickblattgewächse
JUNI–AUG. 5–15 CM (☠)

Typisch Die goldgelben Blütenblätter laufen spitz zu.
Beschreibung Pflanze mit nichtblühenden Trieben. Kleiner doldenartiger Blütenstand. Blätter schmecken scharf. Sternförmige, weißliche Früchte.
Verbreitung Trockene, steinige und meist kalkreiche Böden bis über 2000 m: Felsen, Rasen und Mauern. Häufig.

Einjähriger Mauerpfeffer

Sedum annuum
Dickblattgewächse
JUNI–AUG. 5–15 CM (☠)

Typisch Alle Sprosse blühen. Die Pflanze ist einjährig.
Beschreibung Schmale, spitze Kronblätter. Stängel aufrecht und verzweigt. Kelchblätter fleischig.
Verbreitung Vor allem zentrale Alpen. Trockene, steinige Böden, kalkarme Böden, bis 2800 m: Felsen, Schutt und Mauern. Zerstreut.

Berg-Mauerpfeffer

Sedum montanum
Dickblattgewächse
JUNI–JULI 10–30 CM (☠)

Typisch Die bis zu 2 cm langen Blätter sind mit einer grannenartigen Spitze versehen.
Beschreibung Blütenstand doldenschirmartig. Blätter mit Sporn auf der Unterseite, scharfer Geschmack.
Verbreitung Westalpen, innere Alpentäler, auf trockenen, steinigen Böden zwischen 4000 und 1600 m. Häufig.

Bach-Steinbrech

Saxifraga aizoides
Steinbrechgewächse
JUNI–OKT. 3–30 CM ▼

Typisch Die Blätter sind walzlich und fleischig mit kurzer Stachelspitze.
Beschreibung Blüten gelb–orange, Kronblätter oft gepunktet. Blätter glänzend, starr.
Verbreitung Feuchte, meist kalkhaltige und gerne durchsickerte Böden bis 3000 m: Felsen, Quellfluren und Bachufer. Häufig.

Moos-Steinbrech

Saxifraga bryoides
Steinbrechgewächse
JULI–AUG. 3–15 CM ▼

Typisch Die weißgelben Kronblätter sind zur Mitte gelborange gepunktet.
Beschreibung Kronblätter viel länger als die Kelchblätter. Blätter blühender Triebe in moosartigen Rosetten.
Verbreitung Kalkarme, feuchte, steinige Böden, 1800–4000 m: Felsen, Schutthalden und Schneetälchen. Häufig in den Zentralalpen.

Moschus-Steinbrech

Saxifraga moschata
Steinbrechgewächse
JULI–AUG. 1–10 CM ▼

Typisch Die Stängel sind 1–5-blütig und beblättert.
Beschreibung Pflanze bildet dichte Polster. Blüten gelbgrün, selten weiß. Grundblätter oft 3-spaltig, auch ungeteilte Bätter.
Verbreitung Feuchte, kalkhaltige Böden zwischen 1200 und 4000 m: Felsspalten und -schutt. Häufig.

Seguiers Steinbrech

Saxifraga seguieri
Steinbrechgewächse
JUNI–AUG. 2–5 CM ▼

Typisch Die kleinen, hellgelben Blütenblätter sind schmaler als die Kelchblätter.
Beschreibung Lockere, flache Rasen bildend. Pflanze drüsig behaart. Grundblätter oval, ungeteilt, ganzrandig.
Verbreitung Von Savoyen bis zu den Dolomiten. Kalkarme, feuchte Fels- und Steinböden bis 3000 m. Zerstreut.

Blattloser Steinbrech

Saxifraga aphylla
Steinbrechgewächse
JULI–AUG. 1–5 CM ▼

Typisch Die gelbgrünen Kelchblätter sind den schmaleren Kronblättern farblich sehr ähnlich, die Blüte wirkt daher fast 10-zipflig.
Beschreibung Stängel blattlos. Blätter sind vorn meist 3-spaltig. Pflanze drüsig.
Verbreitung Nördliche und Südliche Kalkalpen bis 3200 m: Felsspalten und -schutt. Zerstreut.

Mauerpfeffer-Steinbrech

Saxifraga sedoides
Steinbrechgewächse
JUNI–OKT. 3–20 CM ▼

Typisch Die flachen Grundblätter laufen in eine Stachelspitze aus.
Beschreibung Kronblätter hell- bis zitronengelb, nie rötlich. Blätter drüsig behaart.
Verbreitung Ostalpenpflanze, kalkreiche Steinböden zwischen 1600 und 2800 m: meist nordexponierte Felsschuttfluren. Zerstreut.

Gold-Fingerkraut

Potentilla aurea
Rosengewächse
JUNI–SEPT. 5–25 CM

Typisch Die goldgelben Blütenblätter überlappen sich und haben in der Mitte orangefarbene Flecken.
Beschreibung Kronblätter außen leicht ausgerandet. Blätter handförmig geteilt, am Rand seidig behaart.
Verbreitung Nährstoff- und kalkarme Wiesen und Weiden zwischen 1200 und 2800 m. Häufig.

Zottiges Fingerkraut

Potentilla crantzii
Rosengewächse
MAI–SEPT. 5–20 CM

Typisch Der Stängel ist behaart.
Beschreibung Kronblätter außen leicht ausgerandet. Blätter handförmig geteilt, Teilblättchen zu beiden Seiten kerbig gesägt, oberseits anliegend, Unterseite abstehend behaart.
Verbreitung Steinige, kalkhaltige, trockene Böden zwischen 1000 und 3000 m: Rasen und Grate. Zerstreut.

Gletscher-Fingerkraut

Potentilla frigida
Rosengewächse
JULI–AUG. 2–10 CM

Typisch Die Blüten sind max. 12 mm breit und meist nicht ganz geöffnet.
Beschreibung Stängel 1–3-blütig, wie die dreigeteilten Blätter dicht zottig behaart.
Verbreitung Nur in den Zentralalpen. Trockene, kalkfreie Böden zwischen 2500 und 3500 m: Felsen und Schutt. Zerstreut.

Großblütiges Fingerkraut

Potentilla grandiflora
Rosengewächse
JUNI–SEPT. 10–40 CM

Typisch Die behaarten Stängel sind verzweigt und vielblütig, bis zu 3 cm große Blüten
Beschreibung Blätter 3-teilig auf langen, behaarten Stielen, Teilblättchen oval, gleichmäßig gekerbt–gesägt.
Verbreitung Kalkarme, trockene, steinige Lehmböden bis 2500 m: Magerrasen und felsige Hänge. Zerstreut.

Alpengelbling

Sibbaldia procumbens
Rosengewächse
JUNI–SEPT. 2–10 CM

Typisch Die schmalen Blütenblätter sind viel kleiner als die breiten Kelchblätter.
Beschreibung Pflanze rasig wachsend. Stängel mit angedrückten Haaren. Blätter 3-zählig, graugrün. Jedes Teilblättchen mit 3 Zähnen.
Verbreitung Feuchte und kalkarme Böden zwischen 2000 und 2800 m: Schneetälchen und Rasen. Zerstreut.

Hahnenfuß-Hasenohr

Bupleurum ranunculoides
Doldenblütler
JULI–AUG. 5–30 CM ▼

Typisch Die 5 Hüllchenblätter unter den Dolden sind gelb und größer als diese.
Beschreibung Grundblätter lang-lanzettlich, fast grasartig, > 5 mm frei und bis 10 cm lang.
Verbreitung Von den Westalpen bis zum Allgäu und nach Südtirol, bis 2400 m. Trockene, nährstoffarme, aber kalkreiche Böden. Zerstreut.

Alpen-Wachsblume

Cerinthe glabra
Raublattgewächse
MAI–JULI 30–50 CM

Typisch Die gelbe Krone ist röhrenförmig mit einem mittigen, rötlichen Ring mit kurzen, leicht nach außen gebogenen Zipfeln.
Beschreibung Blütenstand überhängend. Blätter bläulich.
Verbreitung Nährstoffreiche, kalkhaltige und feuchte Böden bis auf 2300 m: Gebüsche, Hochstaudenfluren. Selten.

Strauß-Glockenblume

Campanula thyrsoides
Glockenblumengewächse
JULI–SEPT. 10–50 CM ▼

Typisch Der Blütenstand ist eine auffällige kolbenförmige Ähre mit hellgelben Blüten.
Beschreibung Ganze Pflanze rau behaart. Blätter schmal-lanzettlich, ganzrandig mit gewelltem Rand.
Verbreitung Trockene, steinige und kalkreiche Böden bis 2500 m: Rasen und Felsschutt. Selten.

Echter Speick

Valeriana celtica
Geißblattgewächse
JULI–AUG. 5–15 CM ▼

Typisch Die Blüten sind bis 3 mm breit. Zu den Rändern rötlich überlaufend.
Beschreibung Blätter schmal-lanzettlich und ganzrandig. Mit typischem Baldriangeruch. Alte Heilpflanze und Verwendung in der Kosmetik.
Verbreitung Zwei Unterarten: Südwestalpen und Ostalpen auf kalkarmen und humosen Böden bis 3000 m. Selten.

Schwefel-Küchenschelle

Pulsatilla alpina ssp. *apiifolia*
Hahnenfußgewächse
MAI–AUG. 10–40 CM ▼ ☠

Typisch Die Pflanze ist durch ihre schwefelgelben Blüten gut zu erkennen.
Beschreibung Blüten 3–6 cm im Durchmesser, Stängelbätter am Grund nicht verwachsen.
Verbreitung Vor allem in den zentralen Alpenketten zwischen 1400 und 2600 m auf kalkarmen Böden (Magerrasen). Zerstreut bis häufig.

Trollblume

Trollius europaeus
Hahnenfußgewächse
MAI–JUNI 20–60 CM ▼ (☠)

Typisch Die Blütenblätter sind zu einer Kugel geformt.
Beschreibung Blüten bis 3,5 cm groß, mit 8–15 Blütenblättern, Grundblätter rundlich, handförmig geteilt.
Verbreitung In den gesamten Alpen auf feuchten und humosen Böden: Wiesen, Hochstauden- und Uferfluren. Zersteut bis häufig.

Fransenhauswurz

Jovibarba globifera
Dickblattgewächse
JULI–SEPT. 10–25 CM ▼

Typisch Der Blütenstand ist dicht doldenartig mit hellgelben Blütenblättern, die am Rand fransig sind.
Beschreibung Grundblätter fleischig, in Rosetten mit 1–7 cm Durchmesser.
Verbreitung In kalkarmen Felsformationen in 1500 bis 2400 m. Mehrere ähnliche Unterarten. Zerstreut.

Wulfens Hauswurz

Sempervivum wulfenii
Dickblattgewächse
JULI–AUG. 10–30 CM ▼

Typisch Die blaugrünen, fleischigen Rosettenblätter enden in einer starren Stachelspitze.
Beschreibung Blüten in dichter, köpfiger Traube, rote Staubfäden. Blätter am Rand dicht bewimpert.
Verbreitung Nur in den Ostalpen, bis 2700 m. Kalkarme Böden: steinige Rasen, Felsspalten und -schutt. Selten.

Gelber Enzian

Gentiana lutea
Enziangewächse
JUNI–AUG. 40–140 CM ▼

Typisch Die goldgelben Blütenblätter sind in 5–8 Zipfeln fast bis zum Grund eingeschnitten.
Beschreibung Blätter gegenständig. Der ähnliche giftige Weiße Germer ist wechselständig. Heilpflanze, Grundstoff zur Schnapsherstellung.
Verbreitung Kalk- und nährstoffreiche Bergwiesen bis 2500 m. Zerstreut.

Punktierter Enzian

Gentiana punctata
Enziangewächse
JUNI–SEPT. 20–70 CM ▼

Typisch Die hellgelben, glockigen Blüten enden in 5–8 Kronzipfeln und sind dunkel gepunktet.
Beschreibung Laubblätter kreuzweise gegenständig, oberseits glänzend.
Verbreitung Kalkarme, tiefgründige Böden, 1500–3000 m: Rasen und Zwergstrauchheiden. Zerstreut, fehlt in den nordöstlichen Kalkalpen.

Berg-Nelkenwurz

Geum montanum
Rosengewächse
MAI–JULI 5–40 CM

Typisch Das Endblättchen der gefiederten Rosettenblätter ist deutlich größer als die übrigen Teilblättchen.
Beschreibung Pflanze ohne Ausläufer. 5–6 goldgelbe Blütenblätter, grüne Kelchblätter.
Verbreitung Nährstoffarme Wiesen, Weiden und Zwergstrauchheiden bis 2800 m. Häufig.

Kriechende Nelkenwurz

Geum reptans
Rosengewächse
JULI–AUG. 5–15 CM ▼

Typisch Die goldgelben Blütenblätter sitzen zu 5–7 meist einzeln am Stängel.
Beschreibung Pflanze bildet lange oberirdische Ausläufer. Rosettenblätter gefiedert mit eingeschnittenen Teilblättchen.
Verbreitung Feuchte und kalkarme Böden, 2000–2800 m: Schutthalden und Moränen. In den Zentralalpen häufig, sonst selten.

Klebrige Kratzdistel

Cirsium erisithales
Korbblütler
JUNI–AUG. 30–120 CM

Typisch Die Hüllen der sehr lang gestielten Blütenkörbchen sind klebrig.
Beschreibung Köpfchen nickend mit zitronengelben Blüten, Blätter weich mit 8–12 stachelig gezähnten Abschnitten.
Verbreitung Kalk- und nährstoffreiche Bergwiesen bis 2500 m. Zerstreut.

Stachelige Kratzdistel

Cirsium spinosissimum
Korbblütler
JULI–SEPT. 20–80 CM

Typisch Die hellgelben Blütenköpfe sind von weißlichen, stacheligen und zugespitzen Blättern umgeben.
Beschreibung Sehr stachelige Pflanze. Blütenkörbchen zu mehreren kopfig gehäuft.
Verbreitung Feuchte, nährstoffreiche Böden bis 2000 m: lichte Wälder und Gebüsche. Zerstreut.

Berardie

Berardia subacaulis
Korbblütler
JUNI–AUG. 5–15 CM

Typisch Das gelbe, bis 7 cm große Blütenköpfchen steht einzeln in einer Blattrosette.
Beschreibung Stängel sehr kurz oder fehlend. Blätter oval, runzelig, dicht filzig behaart.
Verbreitung Nur in den Südwestalpen. Steinige, kalkhaltige Böden zwischen 1500 und 2800 m: Felsen, Schutt. Selten.

Echte Arnika

Arnica montana
Korbblütler
MÄRZ–APRIL 30–60 CM ▼

Typisch Die Stängel sind nur mit 1–2 gegenständigen Blattpaaren beblättert.
Beschreibung Blütenkörbchen 6–8 cm im Durchmesser, einzeln am Stängel, dieser aus Grundblattrosette aufsteigend. Heilpflanze.
Verbreitung Nährstoff- und kalkarme Wiesen und Moore bis 2800 m. Zerstreut.

Huflattich

Tussilago farfara
Korbblütler
MÄRZ–JUNI 10–30 CM

Typisch Die äußeren Zungenblüten sind sehr schmal und zahlreich.
Beschreibung Blüten einzeln auf dickem, schuppig beblättertem Stängel. Grundblätter erscheinen nach der Blüte.
Verbreitung Rohbodenpionier, bis auf 2500 m steigend: Felsschutt, Ufer und Ödland. Zerstreut.

Großblütige Gemswurz

Doronicum grandiflorum
Korbblütler
MAI–AUG. 10–50 CM ▼

Typisch Die Stängelblätter sind deutlich stängelumfassend.
Beschreibung Blütenkörbchen 4–8 cm breit. Hüllblätter mehrreihig. Stängel behaart. Grundblätter eiförmig, Blattränder behaart und grob gezähnt.
Verbreitung Feuchte und kalkreiche Böden bis 1900 m: Schutthalden, Felsen und Schneetälchen. Zerstreut.

Zottige Gemswurz

Doronicum clusii
Korbblütler
JULI–AUG. 10–30 CM

Typisch Weder Grundblätter, noch Stängelblätter sind herzförmig und stängelumfassend.
Beschreibung Dünne Blätter, Oberfläche fast kahl, am Rand kraushaarig.
Verbreitung Kalkarme, lange schneebedeckte, steinige Böden zwischen 1800 und 2500 m: Schutthalden, Felsspalten und Schneetälchen. Zerstreut.

Gletscher-Gemswurz

Doronicum glaciale
Korbblütler
JUNI–SEPT. 10–40 CM

Typisch Die bis zu 5 cm breiten Blütenkörbchen stehen einzeln am Stängel.
Beschreibung Hüllblätter schmal, einreihig. Grundblätter länglich, gestielt, mit wenigen Zähnchen am Blattrand. Obere Stängelblätter stängelumfassend.
Verbreitung Steinige Rasen und Schneetälchen zwischen 1600 und 2600 m. Selten.

Gemswurz-Kreuzkraut

Senecio doronicum
Korbblütler
JULI–AUG. 20–50 CM ▼

Typisch Auf der Unterseite sind die grob gezähnten Blätter graufilzig behaart.
Beschreibung Blütenköpfchen 4–6 cm im Durchmesser, lang gestielt. Blätter wechselständig (die ähnliche Arnika ist gegenständig).
Verbreitung Kalkreiche, steinige Böden bis 3000 m: Matten, Heiden und Felsspalten. Zerstreut.

Graues Kreuzkraut

Senecio incanus
Korbblütler
JULI–SEPT. 5–15 CM

Typisch Blätter und Stängel sind dicht weißfilzig behaart.
Beschreibung 3–5 Zungenblüten je Körbchen, diese zu 3–15 in einem doldenartigen Blütenstand. Blätter fiederteilig, Teilblätter auch eingeschnitten.
Verbreitung Kalkfreie, trockene, steinige Böden bis 3000 m: Schutt und felsige Hänge. Zerstreut.

Felsen-Kreuzkraut

Senecio rupestris
Korbblütler
JULI–AUG. 20–60 CM

Typisch Die Pflanze riecht unangenehm.
Beschreibung Äußere Hüllblätter an der Spitze oft schwarz pinselartig behaart. Blätter bis über die Mitte eingeschnitten, Abschnitte gezähnt, vor allem unterseits behaart.
Verbreitung Steinige, nährstoffreiche Böden zwischen 600 und 2400 m: an Wegen und Lägerstellen. Zerstreut.

Alpen-Kreuzkraut

Senecio alpinus
Korbblütler
JUNI–SEPT. 20–120 CM

Typisch Die auf der Unterseite wollig behaarten Blätter sind herzförmig und nicht geteilt.
Beschreibung Blütenkörbchen zu 6–20 in einem doldenartigen Blütenstand. Stängel kantig.
Verbreitung Feuchte, nährstoff- und kalkreiche Böden: Lägerstellen und Bachufer, 800 und 2000 m. Zerstreut.

Eberrauten-Kreuzkraut

Senecio abrotanifolius
Korbblütler
JULI–SEPT. 10–40 CM ▼

Typisch Die 2,5–4 cm breiten Blütenkörbchen sind orangegelb–orangerot.
Beschreibung Hüllblätter der Körbchen genau 21. Abschnitte der Stängelblätter schmal-lineal, glänzend.
Verbreitung Trockene, steinige Böden zwischen 1400 und 2600 m: Zwergstrauchheiden, Rasen und Latschengebüsch. Selten.

Läger-Kreuzkraut

Tephroseris tenuifolia
Korbblütler
JUNI–AUG. 30–80 CM ▼

Typisch Die Laubblätter sind auf beiden Seiten spinnwebartig behaart.
Beschreibung Köpfchen 2,5–4 cm im Durchmesser, meist 13 grüne Hüllblätter. Frucht dicht behaart.
Verbreitung Nur in den Ostalpen, bis 2500 m. Kalkhaltige, nährstoffreiche Böden: Lägerfluren, Weiden und Gebüsche. Selten.

Echter Wermut

Artemisia absinthium
Korbblütler
JULI–SEPT. 40–120 CM

Typisch Die ganze Pflanze ist grauweißfilzig behaart und schmeckt bitter.
Beschreibung Köpfchen kugelig, kurz gestielt und nickend. Blätter 2–3-fach fiederteilig, beiderseits seidig behaart. Alte Heilpflanze, in Spirituosen enthalten.
Verbreitung Trockene, steinige Wegränder und Rasen. Selten bis 2000 m.

Gletscher-Edelraute

Artemisia glacialis
Korbblütler
JULI–AUG. 5–15 CM ▼

Typisch Die gelben Blütenköpfe sind aufrecht und zu 3–10 am Ende des Stängels gehäuft.
Beschreibung Ganze Pflanze aromatisch duftend. Stängel und Blätter graufilzig behaart. Blätter gestielt, zerteilt.
Verbreitung Kalkarme, steinige Böden zwischen 2200 und 30000 m: Felsspalten und -schutt. Selten.

Ährige Edelraute

Artemisia genipi
Korbblütler
JULI–SEPT. 5–15 CM ▼

Typisch Der durchblätterte Blütenstand besteht aus 5–30 gelben Blütenköpfchen.
Beschreibung Blütenstand anfangs nickend. Pflanze riecht aromatisch; graufilzig behaart.
Verbreitung Steinige, kalkhaltige Böden zwischen 2400 und 3000 m: Felsspalten und -schutt. Selten.

Echte Edelraute

Artemisia umbelliformis
Korbblütler
AUG.–SEPT. 10–30 CM ▼

Typisch Die 3–20 lang gestielten Blütenkörbchen stehen zu allen Seiten ab.
Beschreibung Blätter doppelt dreiteilig gefiedert, graufilzig behaart. Alte Heilpflanze, zu Likör verarbeitet.
Verbreitung Steinige, kalkarme Böden zwischen 1500 und 3200 m: Moränen, Felsspalten und -schutt. Selten.

Alpen-Goldrute

Solidago virgaurea ssp. *minuta* (*S. alpestris*) Korbblütler
JULI–SEPT. 10–30 CM

Typisch Die 15–20 mm breiten Blütenköpfe stehen in einer Rispe am Stängelende.
Beschreibung Blätter schmal-lanzettlich, 4–6-mal so lang wie breit. Alte Heilpflanze.
Verbreitung Steinige, kalkarme Böden zwischen 1300 und 2700 m: Rasen, Weiden und Zwergstrauchheiden. Häufig.

Prächtiges Ochsenauge

Telekia speciosissima
Korbblütler
JULI–AUG. 15–60 CM ▼

Typisch Die Blütenköpfchen sind mit bis zu 6 cm Breite sehr groß, die Randblüten sind 1 mm breit.
Beschreibung Stängel einköpfig. Obere Stängelblätter umschließen an der Basis den Stängel.
Verbreitung Nur zwischen Luganer See und Gardasee bis 2000 m. Steinige, trockene und kalkreiche Böden. Selten.

Weidenblättr. Ochsenauge

Buphthalmum salicifolium
Korbblütler
JULI–AUG. 15–50 CM

Typisch Die Blütenköpfchen sind bis zu 6 cm breit, die Randblüten sind 2–3 mm breit.
Beschreibung Stängel verjüngt sich nach unten. Blätter sitzend, schmallanzettlich, ganzrandig.
Verbreitung Steinig-lehmige, kalkhaltige Böden: trockene Rasen und Gebüsche, bis 2200 m. Zerstreut bis selten.

Einköpfiges Ferkelkraut

Hypochoeris uniflora
Korbblütler
JUNI–AUG. 30–50 CM

Typisch Die nur aus Zungenblüten bestehenden Blütenköpfchen sind 5–7 cm breit.
Beschreibung Blüten einzeln. Stängel oberwärts verdickt, steifhaarig, 2–7-blättrig. Rosettenblätter gezähnt.
Verbreitung Kalkarme, humose Böden 1500 und 2500 m: Rasen, Zwergstrauchheiden und Gebüsche. Zerstreut.

Schweizer Löwenzahn

Leontodon helveticus Korbblütler
JULI–AUG. 10–30 CM

Typisch Vor dem Blühen nicken die einzelnen, 2–3 cm breiten Blütenkörbchen.
Beschreibung Blätter buchtig gezähnt, meist kahl. Stängel mit 2–4 Schuppenblättern.
Verbreitung Leicht feuchte, kalkarme, humose Böden bis 2500 m: Matten, Zwergstrauchheiden und Gebüsche. In den Zentralalpen häufig.

Rauer Löwenzahn

Leontodon hispidus
Korbblütler
JUNI–AUG. 8–50 CM

Typisch Die Körbchen nicken vor dem Aufblühen.
Beschreibung Blütenköpfe 2–3 cm im Durchmesser, Hüllblätter weißlich behaart. Stängel nach oben leicht verdickt, max. 3 schuppige Stängelblätter. Blätter mit rauen Haaren.
Verbreitung Auf Wiesen und Weiden zwischen 300 und 2700 m. Häufig.

Berg-Löwenzahn

Leontodon montanus
Korbblütler
JULI–SEPT. 3–15 CM

Typisch Die Außenhülle des Blütenkörbchens ist schwarz behaart.
Beschreibung Blütenköpfchen einzeln, 2–4 cm im Durchmesser, auf blattlosem Stängel. Blätter buchtig gezähnt.
Verbreitung Auf leicht feuchten, kalkreichen Feinschuttböden zwischen 1800 und 2700 m. Zerstreut.

Alpen-Löwenzahn

Taraxacum sect. *Alpina* Korbblütler
JUNI–SEPT. 5–20 CM

Typisch Die äußeren Hüllblätter am unteren Teil des Blütenkörchens sind 5–7 mm kurz.
Beschreibung Blätter buchtig gezähnt bis fiederteilig. Milchsaft. Stiel der Frucht mit 3–5 mm kurz.
Verbreitung Feuchte, nährstoffreiche Böden: Wiesen und Schutt, zwischen 1800 und 2400 m. Viele Kleinarten. Häufig.

Großköpfiger Pippau

Crepis conyzifolia
Korbblütler
JULI–AUG. 20–70 CM

Typisch Die Grundblätter sind zur Blütezeit noch vorhanden.
Beschreibung Blütenkörbchen 3–5 cm im Durchmesser, zu 1–9 am Stängel, Hülle drüsig behaart. Grundblätter buchtig gezähnt und behaart.
Verbreitung Kalkarme, humose Böden zwischen 1400 und 2700 m: Wiesen und Weiden. Zerstreut.

Schabenkraut-Pippau

Crepis pyrenaica
Korbblütler
JUNI–AUG. 25–50 CM

Typisch Die Grundblätter sind zur Blütezeit bereits verwelkt.
Beschreibung Blütenkörbchen 3–5 cm im Durchmesser, zu 2–6 am Stängel, Hülle ohne Drüsenhaare. Stängelblätter buchtig gezähnt und behaart.
Verbreitung Feuchte, nährstoff- und kalkreiche Böden: Wiesen und Hochstaudenfluren, bis 2200 m. Zerstreut.

Alpen-Pippau

Crepis alpestris
Korbblütler
JUNI–AUG. 10–40 CM

Typisch Die 3–4 cm großen Blütenkörbchen stehen meist einzeln am behaarten Stängel.
Beschreibung Hülle der Blütenkörbchen graufilzig. Grundblätter buchtig gezähnt.
Verbreitung Ostalpenpflanze. Trockene, steinige und kalkreiche Böden bis 2200 m: lichte Wälder, Wiesen und Weiden. Zerstreut.

Kerners Felsen-Pippau

Crepis jacquinii ssp. *kerneri*
Korbblütler
JULI–AUG. 5–15 CM

Typisch Die Hülle der Blütenkörbchen ist mit langen, schwarzen Haaren besetzt.
Beschreibung Blätter zunächst ganzrandig, dann gezähnt, Stängelblätter fiederteilig.
Verbreitung Feuchte, nährstoff- und kalkreiche Böden, 1000 und 2200 m: Wiesen, Hochstaudenfluren. Zerstreut.

Triglav-Pippau

Crepis terglouensis
Korbblütler
JULI–AUG. 5–7 CM ▼

Typisch Das bis zu 5 cm breite Blütenköpfchen sitzt auf einem sehr kurzen Stängel.
Beschreibung Hüllblätter schwarz behaart, Blätter fiederteilig mit dreieckigen Abschnitten.
Verbreitung Steinige, kalkhaltige Böden zwischen 2000 und 2700 m: Felsspalten und -schutt. Selten.

Zwerg-Pippau

Crepis pygmaea
Korbblütler
JULI–AUG. 5–15 CM

Typisch Die Blätter sind auf der Unterseite meist violett überlaufen.
Beschreibung Blütenkörbchen 1,5–2,5 cm breit. Untere Laubblätter herzförmig, lang gestielt. Obere Blätter fiederteilig mit großer Endfieder.
Verbreitung Südwestalpenpflanze. Kalkschutthalden zwischen 2000 und 2700 m. Selten.

Kleines Habichtskraut

Hieracium pilosella
Korbblütler
JUNI–SEPT. 5–30 CM

Typisch Die Pflanze bildet durch Ausläufer dichte Teppiche.
Beschreibung Blütenkörbchen bis 2 cm im Durchmesser. Blätter ganzrandig, oberseits mit langen Haaren, unterseits weißfilzig.
Verbreitung Trockene, nährstoffarme Böden zwischen 300 und 3000 m: Wiesen und Weiden. Häufig.

Endivien-Habichtskraut

Hieracium intybaceum
Korbblütler
JULI–AUG. 5–30 CM

Typisch Die Blüten sind gelblich-weiß.
Beschreibung Blütenkörbchen 2–4 cm im Durchmesser, Grundblätter fehlen. Blätter schmal-lanzettlich, mit 1–6 langen Zähnen, durch Drüsenhaare klebrig.
Verbreitung Steinige, kalkarme, trockene Böden zwischen 1600 und 2700 m: Rasen und Schuttfelder. Zerstreut.

Alpen-Habichtskraut

Hieracium alpinum Korbblütler
MAI–OKT. 5–25 CM

Typisch Die Hüllblätter der Blütenkörbchen sind lang behaart.
Beschreibung Blütenkörbchen einzeln am Stängel. Grundblätter lanzettlich und ganzrandig, besonders am Rand behaart.
Verbreitung Kalkarme, humose Böden zwischen 1700 und 3000 m: offene Rasen und Zwergstrauchheiden. Häufig bis zerstreut.

Zottiges Habichtskraut

Hieracium villosum
Korbblütler
JULI–AUG. 15–40 CM

Typisch Die ganze Pflanze ist lang und zottig behaart.
Beschreibung Stängel mit 1–4 Blüten, 3–5 cm im Durchmesser. Hüllblätter abstehend. Blätter graugrün, am Rand gewellt.
Verbreitung Steinige, kalkreiche, warme Böden zwischen 1000 und 2500 m: Matten, Felsspalten und -schutt. Zerstreut.

Gewöhnliche Simsenlilie

Tofieldia calyculata
Simsenliliengewächse
MAI–JULI 10–30 CM ▼

Typisch Die Blüten sind in endständigen, bis 6 cm langen, ährenartigen Trauben angeordnet.
Beschreibung Blüten bis 1 cm im Durchmesser. Stängel fast blattlos. Blätter linealisch, grasartig, spitz.
Verbreitung Nährstoffarme, meist kalkreiche Flachmoore und feuchte Wiesen bis über 2000 m. Zerstreut.

Röhriger Gelbstern

Gagea fragifera Liliengewächse
MAI–JULI 5–15 CM ▼

Typisch Die sternförmigen Blüten stehen zu 1–5 am Ende des bis auf die Tragblätter unbeblätterten Stängels.
Beschreibung Blütenstiele behaart. Grundblätter zottig behaart, röhrenförmig und hohl.
Verbreitung Kalkarme, feuchte nährstoffreiche Böden. Auf Bergwiesen zwischen 1000 und 2400 m. Zerstreut bis selten.

Wild-Tulpe

Tulipa sylvestris ssp. *australis*
Liliengewächse
MAI–JULI 10–40 CM ▼

Typisch Die Blüten sind innen gelb und außen rot überlaufend.
Beschreibung Stängel kahl, mit 2–3 lanzettlichen, graugrünen, fleischigen Blättern.
Verbreitung Nur in den Südwest- und Südalpen. Auf Bergwiesen zwischen 800 und 2000 m. Zerstreut.

Gelbe Narzisse, Osterglocke

Narcissus pseudonarcissus
Narzissengewächse
MÄRZ–MAI 10–30 CM ▼ ☠

Typisch Die typische Osterglocke ist die Stammart der Gartenformen.
Beschreibung Blüten hellgelb mit dunkelgelber, 2–4 cm langer Nebenkrone. Blätter so lang wie der Blütenstängel.
Verbreitung Kalkarme, humose Böden zwischen 8000 und 1500 m: Bergwiesen. Zerstreut.

Gelber Eisenhut

Aconitum lycoctonum
Hahnenfußgewächse
JUNI–AUG. 40–200 CM ▼ ☠

Typisch Der Helm der hellgelben Blüten ist höher als breit.
Beschreibung Blätter handförmig, 5–7-teilig. Ähnlich ist der Gift-Eisenhut, dieser mit zerschlitzten Blättern. Beide stark giftig!
Verbreitung Feuchte und humose Böden: Wiesen, Hochstauden- und Uferfluren. Meist häufig.

Gelber Lerchensporn

Corydalis lutea
Mohngewächse
MAI–SEPT. 10–30 CM ▼

Typisch Der einzige gelbe Lerchensporn.
Beschreibung Blüten in einer vielblütigen Traube, bis 2 cm lang, mit einem rückwärts gerichteten Sporn. Blätter gefiedert. Teilblätter eingeschnitten.
Verbreitung Ursprünglich nur in den Südlichen Kalkalpen bis auf 1800 m, gelegentlich verwildert. Selten.

Zweiblütiges Veilchen

Viola biflora
Veilchengewächse
MAI–AUG. 5–15 CM

Typisch Die Blätter sind herz- oder nierenförmig.
Beschreibung Blüten bis 1,5 cm im Durchmesser, zur Mitte hin mit braunen Strichen. Rand der Blätter gekerbt, Nebenblätter ganzrandig.
Verbreitung Bis 2500 m auf nährstoffreichen, kalkreichen Böden: Wälder, Gebüsche u. Hochstaudenfluren. Zerstreut.

164–165

Gelbes Stiefmütterchen

Viola lutea
Veilchengewächse
JUNI–AUG. 5–10 CM ▼

Typisch Alle Büten sind gelb mit braunen Strichen in der Mitte.
Beschreibung Pflanze mit Ausläufern. Blüten bis 4 cm lang. Blätter länglich, gekerbt mit großen Nebenblättern.
Verbreitung In der West- und Zentralschweiz und in der Steiermark bis auf 2000 m: trockene, nährstoffarme Böden. Selten.

Feld-Stiefmüttcherchen

Viola tricolor
Veilchengewächse
MAI–OKT. 10–25 CM

Typisch Obere Blätter anders gefärbt: bläulich, weißlich, selten auch gelb.
Beschreibung Blüten bis 3 cm lang, mit dunkelgelbem Fleck und dunklen Strichen in der Mitte. Blätter länglich, gekerbt.
Verbreitung In den Alpen bis auf 2100 m: Äcker, Wiesen und Wegränder. Zerstreut bis häufig.

Braun-Klee

Trifolium badium
Schmetterlingsblütler
JULI–AUG. 10–30 CM

Typisch Die Blütenköpfchen werden beim Verblühen von unten nach oben braun.
Beschreibung Köpfchen kugelig bis eiförmig, bis 1,5 cm im Durchmesser. Blätter oben fast gegenständig.
Verbreitung Nährstoffreiche, kalkhaltige Böden bis 3000 m: Weiden, Geröll und Schutt. Zerstreut.

Alpen-Hornklee

Lotus alpinus
Schmetterlingsblütler
JUNI–AUG. 5–20 CM

Typisch Die Blüten sitzen zu 1–3 am Ende der Stängel und sind oft rötlich überlaufen.
Beschreibung Schiffchenspitze ist rot. Stängel kantig. Blätter 5-zählig, davon 3 kurz gestielt.
Verbreitung Zwischen 1800 und 2800 m auf steinigen Böden: Weiden, Rasen und Schutthalden. Häufig.

Gewöhnlicher Hornklee

Lotus corniculatus
Schmetterlingsblütler
MAI–SEPT. 5–40 CM

Typisch Die Blütenstände bestehen aus 3–8 Blüten.
Beschreibung Schiffchenspitze hellgelb. Stängel kantig. Blätter 3-teilig mit 2 Nebenblättchen am Grund des Blattstiels.
Verbreitung Steinig-lehmige Böden: Wiesen, Halbtrockenrasen, Gebüsche und Felsen bis 2300 m. Häufig.

Scheiden-Kronwicke

Coronilla vaginalis
Schmetterlingsblütler
APRIL–JULI 10–25 CM

Typisch Die Blätter sind unpaarig gefiedert. Ihre 5–13 Teilblättchen sind blaugrün und fleischig.
Beschreibung Blüten etwa 1 cm lang, zu 3–10 in einem lockeren Köpfchen. Blätter mit großen Nebenblättern.
Verbreitung Trockene, steinige und kalkreiche Böden bis 2200 m: felsige Hänge und Kiefernwälder. Selten.

Alpen-Wundklee

Anthyllis vulneraria ssp. *alpestris*
Schmetterlingsblütler
MAI–SEPT. 5–30 CM

Typisch Die Einzelblüten stehen in Köpfchen zusammen, die von handförmig gelappten Hüllblättern umgeben sind.
Beschreibung Kelchblätter blassgelb, Kronblätter goldgelb. Blätter mit großer Endfieder.
Verbreitung Kalkreiche, steinige Weiden und Rasen bis 2800 m. Häufig.

Hängeblüten-Tragant

Astragalus penduliflorus
Schmetterlingsblütler
JULI–AUG. 15–40 CM

Typisch Die Blüten nicken und sind in einer dichten Traube angeordnet, die aus einer Blattachsel entspringt.
Beschreibung Blätter gefiedert mit 11–27 Teilblättchen. Früchte hängend, aufgeblasen.
Verbreitung Steinige, nährstoffarme Böden zwischen 1300 und 2600 m: Wiesen und lichte Wälder. Selten.

Alpen-Spitzkiel

Oxytropis campestris
Schmetterlingsblütler
JUNI–AUG. 5–20 CM

Typisch Die Blüten stehen zu 8–20 aufrecht in kugeligen Köpfchen.
Beschreibung Blüten bis 2 cm lang. Blätter unpaarig gefiedert mit 21–31 Teilblättchen, grundständig und rosettig.
Verbreitung Nährstoffarme, gern kalkreiche Böden zwischen 1600 und 3000 m: steinige Rasen und Grate. Selten.

Gewöhnlicher Hufeisenklee

Hippocrepis comosa
Schmetterlingsblütler
MAI–JULI 5–30 CM

Typisch Die Blüten sind zu 3–10 doldenartig zu einem Kranz am Ende des Stängels angeordnet.
Beschreibung Blätter unpaarig gefiedert mit 11–17 verkehrt-eiförmigen Teilblättern.
Verbreitung Kalkreiche Böden bis 2200 m: trockene und steinige Rasen. Zerstreut bis selten.

Gelbe Platterbse

Lathyrus laevigatus
Schmetterlingsblütler
JUNI–AUG. 20–60 CM

Typisch Die Pflanze besitzt keine Ranken, die paarig gefiederten Blätter enden in einer grannenartigen Spitze.
Beschreibung Blüten nach dem Verblühen bräunlich. Blütenstand 3–12-blütig. Blätter mit 8–12 Teilblättchen.
Verbreitung Kalkreiche Böden bis 2000 m: Wiesen und Hochstaudenfluren. Sehr selten.

Wiesen-Platterbse

Lathyrus pratensis
Schmetterlingsblütler
JUNI–JULI 20–80 CM

Typisch Die Pflanze klettert mit den Ranken, die an den Spitzen der paarigen Blätter entspringen.
Beschreibung Blütenstände lang gestielt. Blüten zu 3–13 Blätter, auch ohne Ranke. Nebenblätter blattartig. Hülsen kahl.
Verbreitung Feuchte, humose Böden zwischen 300 und 2000 m: Wiesen, Wald- und Wegränder. Häufig.

Buchsblättrige Kreuzblume

Polygala chamaebuxus
Kreuzblumengewächse
APRIL–JUNI 10–25 CM

Typisch Die Blüten sind zweifarbig weißgelb (oder rötlich gelb).
Beschreibung Blüten bis 1,5 cm lang. Stängel am Grunde verholzt. Blätter lanzettlich, ledrig.
Verbreitung Warme, trockene, kalkreiche Böden bis 2500 m: Magerrasen und trockene Wälder. In den Nordalpen zerstreut, sonst sehr selten.

Goldnessel

Lamium galeobdolon
Lippenblütler
MAI–JUNI 15–50 CM

Typisch Nesselartige Blätter und gelbe Blüten lassen diese Art leicht erkennen.
Beschreibung Blütenquirle in Etage, jeweils mit 8–16 Blüten. Blüten 20–25 mm lang. Blätter kreuzweise gegenständig.
Verbreitung Nährstoffreiche, kalkhaltige und feuchte Böden bis auf 2000 m: Laubwälder und Felsschutt. Zerstreut.

Klebriger Salbei

Salvia glutinosa
Lippenblütler
JULI–SEPT. 40–80 CM

Typisch Die großen, spießförmigen Blätter sind klebrig.
Beschreibung Blütenquirle in (bis zu 10) Etagen übereinander. Blüten 3–4 cm lang. Blätter kreuzweise gegenständig.
Verbreitung Nährstoffreiche, kalkhaltige Böden bis 1700 m: Wälder, Gebüsche und Hochstaudenfluren. In den Kalkalpen zerstreut, sonst sehr selten.

Ysopblättriges Gliedkraut

Sideritis hyssopifolia
Lippenblütler
JULI–SEPT. 10–40 CM

Typisch Die hellgelbe Blüten sitzen in 4–6-blütigen Quirlen, die in 5–15 Etagen angeordnet sind.
Beschreibung Tragblätter der Blüten stachelig begrannt. Stängel behaart. Blätter schmal-lanzettlich.
Verbreitung Kalkreiche, felsig-rasige Hänge in den südwestlichen Alpen bis zum Schweizer Jura. Zerstreut.

Fuchsschwanz-Ziest

Stachys alopecuros
Lippenblütler
JUNI–SEPT. 20–50 CM

Typisch Die kurze, breite Ähre am Ende des Stängels wird von mehreren, in etagenartigen Blütenquirlen gebildet.
Beschreibung Oberlippe zweigespalten. Blätter langgestielt, herzförmig, am Rand gekerbt.
Verbreitung Steinige Böden zwischen 500 und 1800 m: lichte Wälder, felsige Hänge und Wiesen. Zerstreut.

Großblütiger Fingerhut

Digitalis grandiflora
Wegerichgewächse
JUNI–AUG. 50–130 CM ▼ ☠

Typisch Die blassgelben Blüten sind 3–4,5 cm lang und vorn 1,5–2 cm breit.
Beschreibung Blüte innen mit bräunlichen Adern, Grundblattrosette vorhanden. Blätter und Früchte behaart.
Verbreitung Steinige, kalkhaltige und nährstoffreiche Böden bis 1900 m: Schlagfluren im Wald, Weiden und Gebüsche. Zerstreut.

170–171

Gelber Fingerhut

Digitalis lutea
Wegerichgewächse
JUNI–JULI 50–100 CM ▼ ☠

Typisch Die hellgelben Blüten sind 2–2,5 cm lang und vorne 5–8 mm im Durchmesser.
Beschreibung Blüten innen und außen zottig behaart. Keine Grundblattrosette vorhanden.
Verbreitung Steinige, kalkhaltige Böden bis 1800 m: Bergwälder und Zwergstrauchheiden. Selten.

Zwerg-Augentrost

Euphrasia minima
Sommerwurzgewächse
JUNI–SEPT. 2–12 CM ▼

Typisch Die Oberlippe der gelben Blüte ist oft violett oder weißviolett gefärbt.
Beschreibung Stängel meist nicht verzweigt, behaart. Blätter eiförmig, sitzend, mit 6–14 Zähnen, nicht begrannt.
Verbreitung Nährstoffarme, meist auch kalkarme Wiesen und Weiden zwischen 1500 und 3200 m. Häufig.

Wiesen-Wachtelweizen

Melampyrum pratense
Sommerwurzgewächse
JUNI–AUG. 15–50 CM

Typisch Die Blüten der beblätterten Ähre zeigen in die gleiche Richtung.
Beschreibung Blüten hellgelb, 12 bis 18 mm lang, kurze, spitze Kelchblätter. Blätter lanzettlich.
Verbreitung Nährstoff- und kalkarme Böden bis auf 2000 m: Wälder und Heiden, am Rand von Wiesen und Mooren. Zerstreut.

Alpenrachen

Tozzia alpina
Sommerwurzgewächse
JUNI–AUG. 15–50 CM

Typisch Die goldgelben Blüten sind auf der Unterlippe rötlich punktiert.
Beschreibung Blüten mit ungeich langen 5-zipfeligen Kronblättern. Blütenstand durchblättert. Blätter auf jeder Seite mit 1–3 Zähnen.
Verbreitung Nährstoff- und kalkreiche Böden bis 2300 m: Wälder, Gebüsche und Hochstaudenfluren. Zerstreut bis selten.

Grannen-Klappertopf

Rhinanthus glacialis
Sommerwurzgewächse
MAI–SEPT. 15–50 CM ▼ (☠)

Typisch Die Blätter im Blütenstand sind scharf gesägt und 1–3 mm lang begrannt.
Beschreibung Blüten bis 2 cm lang. Kelch unbehaart. Oberlippe mit einem blauen Zahn.
Verbreitung Wechselfeuchte, meist kalkreiche, aber nährstoffarme Böden zwischen 800 und 2600 m: steinige Rasen. Zerstreut.

Zottiger Klappertopf

Rhinanthus alectorolophus
Sommerwurzgewächse
MAI–SEPT. 10–50 CM ▼ (☠)

Typisch Der Kelch wirkt leicht aufgeblasen und ist zottig behaart.
Beschreibung Blüten bis 2,5 cm lang. Oberlippe mit einem blauen Zahn. Blätter im Blütenstand scharf gesägt.
Verbreitung Wechselfeuchte, meist kalkreiche und humose Böden zwischen 400 und 1900 m: Wiesen und Quellmoore. Zerstreut.

Beblättertes Läusekraut

Pedicularis foliosa
Sommerwurzgewächse
JUNI–AUG. 20–60 CM ▼ (☠)

Typisch Der Blütenstand ist mit langen Blättern durchsetzt.
Beschreibung Blüte hellgelb, in dichten, vielblütigen Trauben. Grundblätter 10–250 cm lang, doppelt gefiedert. Alle Läusekräuter sind Halbschmarotzer.
Verbreitung Kalkreiche, steinige Böden bis 2000 m: Wiesen und Hochstauden. Selten.

Buntes Läusekraut

Pedicularis oederi
Sommerwurzgewächse
JUNI–JULI 5–15 CM ▼ (☠)

Typisch Durch die rotbraune Oberlippe ist die Blüte zweifarbig.
Beschreibung Oberlippe nicht schnabelartig geformt. Kelch lang behaart. Blätter bläulich grün, fiederteilig, Teilblättchen dachziegelartig, gezähnt.
Verbreitung Kalkreiche, feuchte Böden bis 2500 m: alpine Rasen und Heiden. Selten.

Schopfiges Läusekraut

Pedicularis comosa
Sommerwurzgewächse
JUNI–AUG. 10–50 CM ▼ (☠)

Typisch Die weißgelben bis zitonengelben Blüten sitzen in einem dichten, breiten und vielzähligen Blütenstand zusammen.
Beschreibung Große Blüten, 18–30 mm lang, ungeschnäbelt. Grundblätter lang gestielt, obere Stängelblätter sitzend.
Verbreitung West- und Südalpen, auf Wiesen und Weiden bis 2000 m. Selten.

Knolliges Läusekraut

Pedicularis tuberosa
Sommerwurzgewächse
JUNI–AUG. 10–20 CM ▼ (☠)

Typisch Die Oberlippe der Blüten ist schnabelartig geformt.
Beschreibung Unterer Stängelabschnitt und Blattstiele lang behaart. Blätter fast gefiedert, Abschnitte tief gesägt.
Verbreitung Kalk- und nährstoffarme Wiesen und Flachmoore zwischen 1500 und 2500 m. Zerstreut bis selten.

Hellgelbe Sommerwurz

Orobanche flava
Sommerwurzgewächse
JUNI–JULI 15–40 CM ▼

Typisch Die Pflanze hat als Vollparasit (vor allem auf Alpen-Pestwurz) keine grünen Blätter.
Beschreibung Blüten 1,5–2 cm lang, gelblich oder rot. Stängel hellgelb.
Verbreitung Kalkreiche Felsschuttfluren bis 2000 m. In den Nördlichen Kalkalpen häufig, sonst zerstreut.

Frauenschuh

Cypripedium calceolus
Orchideengewächse
MAI–JULI 20–70 CM ▼

Typisch Die pantoffelartig gestaltete Lippe macht die Pflanze unverwechselbar.
Beschreibung Blüten bis 10 cm im Durchmesser. Blätter zu 3–4 am Stängel, bis 18 cm lang, deutlich geadert, unterseits behaart.
Verbreitung Nördliche und Südliche Kalkalpen bis 2000 m: lichte Wälder und Gebüsche. Zerstreut.

Holunder-Knabenkraut

Dactylorhiza sambucina
Orchideengewächse
APRIL–JUNI 15–30 CM ▼

Typisch Die Blätter reichen bis zum Blütenstand.
Beschreibung In gelber oder roter Farbvariation. Blüten mit langen Tragblättern und roter Zeichnung. Sporn abwärts gerichtet.
Verbreitung Trockene, kalkarme, aber nährstoffreiche Böden bis 2100 m: Wiesen und lichte Wälder. Selten.

Bleiches Knabenkraut

Orchis pallens
Orchideengewächse
APRIL–JUNI 15–30 CM ▼

Typisch Die Blätter erreichen den Blütenstand nicht.
Beschreibung Blüten immer hellgelb. Sporn waagerecht bis aufwärts gebogen. Tragblätter häutig.
Verbreitung Leicht feuchte und humose Böden in Wäldern und auf Bergwiesen, vor allem in den Kalkalpen bis auf 1700 m. Zerstreut bis selten.

Weiße Höswurz

Pseudorchis albida
Orchideengewächse
MAI–SEPT. 10–30 CM ▼

Typisch Die kleinen, bis 0,5 mm langen Blüten sind glöckchenartig aufgebaut und stehen in einer langen Ähre zusammen.
Beschreibung Lippe 3-lappig, meist gelb. Sporn kurz. 4–5 längliche Blätter.
Verbreitung Nur in den zentralen Ketten. Kalkfreie, humose Böden: auf Rasen zwischen 1500 und 2500 m. Zerstreut.

Guter Heinrich

Chenopodium bonus-henricus
Fuchsschwanzgewächse
JUNI–AUG. 20–100 CM ▼

Typisch Blätter spießförmig, bis 15 cm lang.
Beschreibung Blüten unscheinbar. Blütenstand ährenähnlich, oft nickend. Junge Pflanzen essbar (wie Spinat).
Verbreitung In den gesamten Alpen bis auf 2500 m. Nährstoffreiche Böden: um Almhütten, an Viehlägern und Wegen. Zerstreut.

Schild-Ampfer

Rumex scutatus
Knöterichgewächse
JUNI–JULI 20–50 CM

Typisch Blätter breit spießförmig.
Beschreibung Lockerer Blütenstand mit wenigen grünlichen Einzelblüten. Blätter blaugrün, bis 5 cm lang, langgestielt.
Verbreitung In allen Höhenstufen bis 2200 m. Trockene und steinige Böden: Geröllhalden, Felsschutt und -spalten. Zerstreut.

Alpen-Frauenmantel

Alchemilla alpina
Rosengewächse
JUNI–JULI 5–30 CM

Typisch Die Blätter sind 5–9-teilig und fast bis auf den Grund eingeschnitten.
Beschreibung Teilblättchen schmaloval, vorne gesägt, unterseits silbrig glänzend. Viele ähnliche Arten.
Verbreitung Kalkfreie, nährstoffarme Lehmböden bis 2600 m: Zwergstrauchheiden, alpine Rasen und Felsfluren. Zerstreut.

Gewöhnlicher Frauenmantel

Alchemilla vulgaris
Rosengewächse
JUNI–JULI 5–40 CM

Typisch Die Blätter sind 7–11-teilig und nicht ganz zur Hälfte eingeschnitten.
Beschreibung Abschnitte rundlich bis dreieckig, gesägt, beiderseits grün. Viele ähnliche Arten.
Verbreitung Feuchte, nährstoffreiche Böden zwischen 500 und 2800 m: Wiesen und Weiden. Häufig.

Alpen-Wegerich

Plantago alpina
Wegerichgewächse
MAI–JULI 5–15 CM

Typisch Die Blätter sind sehr schmal, fast grasartig mit 3 undeutlichen Längsnerven.
Beschreibung Ähre 1,5–3 cm lang, walzlich. Ährenstiel anliegend behaart. Blüten mit gelben Staubblättern.
Verbreitung Kalk- und nährstoffarme Böden zwischen 1300 und 2500 m: Wiesen und Weiden. Zerstreut.

Berg-Wegerich

Plantago atrata
Wegerichgewächse
MAI–AUG. 5–15 CM

Typisch Der Blütenstand ist eine kugelige bis eiförmige Ähre.
Beschreibung Staubblätter weißlich, Ährenstiel kurz abstehend behaart, nicht gefurcht. Blätter schmal, deutlich 3–7-nervig.
Verbreitung Nährstoffreiche, kalkhaltige und feuchte Böden bis auf 2400 m: Wiesen und Weiden. Zerstreut.

Spitz-Wegerich

Plantago lanceolata
Wegerichgewächse
MAI–OKT. 5–60 CM

Typisch Die Blüten stehen in eiförmiger bis kurzer walzlicher Ähre.
Beschreibung Staubblätter weißlich abstehend. Stängel längs deutlich 5-kantig. Schmale Rosettenblätter mit 3–7 Nerven.
Verbreitung Nährstoffreiche Böden bis 2000 m: auf Wiesen und Weiden und an Wegrändern. Sehr häufig.

Breitblättriger Wegerich

Plantago major
Wegerichgewächse
JUNI–OKT. 15–30 CM

Typisch Die unscheinbaren Blüten sitzen in einer langen Ähre.
Beschreibung Staubblätter violett. Rosettenblätter länger als der Ährenstiel. Der ähnliche mittlere Wegerich hat rosafarbene Blüten.
Verbreitung Nährstoffreiche, etwas feuchte lehmige Böden bis 2500 m: Wege, Weiden und Lägerfluren. Sehr häufig.

Zwerg-Miere

Minuartia sedoides
Nelkengewächse
JULI–AUG. 2–5 CM ▼

Typisch Bildet dichte und flache Polster aus.
Beschreibung Blüten gelbgrün, klein, bis 0,5 cm im Durchmesser, meist ohne Kronblätter. Blätter 3–6 mm lang.
Verbreitung Vor allem in den zentralen Ketten auf kalkarmem Untergrund bis über 3500 m: steinige Rasen, Felsspalten und -schutt. Häufig.

Heidelbeere

Vaccinium myrtillus
Heidekrautgewächse
MAI–JUNI 15–50 CM

Typisch Die glockig-kugeligen Blüten sind oft rötlich überlaufend.
Beschreibung Stängel grün, vierkantig, geflügelt. Blätter länglich-eiförmig. Schwarzblaue, essbare Früchte.
Verbreitung Saure und kalkarme, nährstoffarme Böden bis 2500 m: Nadelwälder, Zwergstraucheiden und Moore. Häufig.

Einbeere

Paris quadrifolia
Germergewächse
MAI–JUNI 10–30 CM

Typisch Die Einzelblüte steht in der Mitte von vier großen Blättern.
Beschreibung Blütenblätter 6–12. 4 Blätter im Quirl, netzartig geadert. Eine schwarze Beere.
Verbreitung Nährstoffreiche, humose und meist feuchte Böden bis 1800 m: Laubwälder und Bachauen. Zerstreut, in Tälern häufiger.

Breitblättrige Sumpfwurz

Epipactis helleborine
Orchideengewächse
JUNI–SEPT. 20–70 CM ▼

Typisch Die grünlichen, oft violett überlaufenen Blüten zeigen oft alle in eine Richtung.
Beschreibung Unterlippe der Blüte weißlich bis hellrot. Blätter breit-eiförmig, am Grund stängelumfassend.
Verbreitung Kalk- und nährstoffreiche Böden in Wäldern bis zur Waldgrenze bei 1700 m. Zerstreut.

Einorchis

Herminium monorchis
Orchideengewächse
JUNI–AUG. 10–30 CM ▼

Typisch Die grünlich-gelben Blüten duften stark nach Honig und bilden eine locker walzliche Ähre.
Beschreibung Glockenartige Blüten um 90 Grad zur Seite gekippt, Lippe der Blüten 3-teilig, ungespornt. Blätter meist 2 am Grund des Stängels.
Verbreitung Kalk- und nährstoffarme Feuchtwiesen bis 1800 m. Selten.

Kleines Zweiblatt

Listera cordata
Orchideengewächse
MAI–AUG. 5–20 CM ▼

Typisch Die Lippe der grünlichen und oft rötlich überlaufenden Blüte ist tief gespalten.
Beschreibung Blüte ohne Sporn. 2 Grundblätter, herzförmig, 1–2,5 cm im Durchmesser, fast gegenständig.
Verbreitung Saure und kalkarme, rohhumusreiche Böden bis 2000 m: moosreiche Nadelwälder. Selten.

Großes Zweiblatt

Listera ovata
Orchideengewächse
MAI–JUNI 20–70 CM ▼

Typisch Die Blüten mit der auffällig langen, zweigespaltenen Lippe sind in einer langen Traube angeordnet.
Beschreibung Blüte ohne Sporn. Blätter eiförmig, 5–15 cm groß, gegenständig.
Verbreitung Feuchte, meist kalkreiche Böden bis 2000 m: Wälder, Wiesen und Moore. Bis 1500 m häufig, darüber selten.

Zwergorchis

Chamorchis alpina
Orchideengewächse
JULI–AUG. 5–15 CM ▼

Typisch Die kleine 5–10-blütige Pflanze besitzt grasartige Blätter.
Beschreibung Blüten gelbgrün, außen rotbraun überlaufen. Gelbliche Lippe meist ungeteilt oder angedeutet 3-teilig.
Verbreitung Kalkreiche, steinige und trockene Böden oberhalb der Baumgrenze, zwischen 1700 und 3000 m. Zerstreut.

Fliegen-Ragwurz

Orphrys insectifera
Orchideengewächse
MAI–JULI 5–30 CM ▼

Typisch Die Blüten erinnern an kleine geflügelte Insekten.
Beschreibung Blüte mit 3 grünlichen Kelchblättern. Lippe braun und behaart, 4-teilig mit einem graublauen Fleck. Rosettenblätter steil aufgerichtet.
Verbreitung Trockene, kalkreiche Böden bis 1800 m: lichte Wälder und Magerrasen. Selten.

Grüne Hohlzunge

Coeloglossum viride
Orchideengewächse
MAI–JULI 5–30 CM ▼

Typisch Die Kelchblätter bilden einen halbkugeligen Helm im oberen Teil der Blüte.
Beschreibung Blüten oft braunrot überlaufend. Lippe dreigeteilt, Mittelabschnitt kurz. Sporn kugelig.
Verbreitung Kalkarme, feuchte Böden bis 2600 m: alpine Rasen und Schneetälchen. Selten.

Wegen des Umfangs des Registers wurden zweiteilige deutsche Namen nur einmal, und zwar mit vorgestelltem Gattungsnamen aufgeführt. So ist z. B. der „Alpen-Augentrost“ nur unter „Augentrost, Alpen-“ zu suchen.

Unser Autor Ansgar Hoppe

Pflanzen waren Ansgar Hoppe schon immer wichtig. Nach einer Ausbildung zum Forstwirt studierte Ansgar Hoppe Biologie an der Universität Osnabrück und promovierte in den Fächern Botanik und Vegetationskunde am Institut für Geobotanik der Universität Hannover. In zahlreichen Exkursionen lernte er die Pflanzenwelt der Alpen und anderer europäischer Gebirge kennen. Seither ist er als Wissenschaftlicher Mitarbeiter an der Universität und beim Niedersächsischen Heimatbund tätig. Er engagiert sich in zahlreichen Projekten zur Erforschung und Erhaltung der Kulturlandschaft. Darüber hinaus arbeitet er als freier Gutachter und Autor.

Impressum

Umschlaggestaltung von eStudio Calamar, unter Verwendung von 1 Foto von Christa Eder/ fotolia. com. Es zeigt einen Großblütigen Enzian. Die 3 kleinen Fotos auf der Umschlagrückseite stammen von Ansgar Hoppe (links: Schwarzer Mauerpfeffer, rechts: Bach-Steinbrech) und Manuel Werner (Mitte: Zottiger Mannsschild).

Mit 516 Farbfotos: 1 Bild von Harald Berger (65 M), 1 von Filip Dominec (98 u), 2 Bilder von Gartenschatz (102 M, 120 o), 23 von Edmund Garnweidner, 1 von Franz Hadacek (102 o), 1 von Bernd Haynold (123 M), 149 von Michael Hassler, 32 von Frank Hecker, 3 von Ansgar Hoppe (24 M, 116 u, 143 o), 1 von Ernst Horak (83 o), 1 von Hansjörg Küster (39 u), 1 von Hans E. Laux (8/9), 1 von Kjetil Lenis (165 o), 1 von Gerhard Nitter (157 o), 2 von Frantisek Pleva (67 o, 76 M), 1 von Hermann Schachner (65 u), 3 von Johann Schneidert (24 u, 122 o, 145 u), 4 von Herbert Wagner (53 m, 69 o, 118 o, 122 M) und 1 von Manuel Werner (68 u).
Alle anderen Fotos stammen von Peter Mertz, die naturwerker.
Mit 47 Farbzeichnungen: 45 Zeichnungen stammen von Golte-Bechtle, 1 Zeichnung und 1 Verbreitungskarte am Endes des Buches von Wolfgang Lang.

ISBN: 978-3-440-13277-7
Projektleitung und Redaktion: Antje Albrecht
Produktion: Markus Schärtlein
Grundlayout: eStudio Calamar
Satz: DOPPELPUNKT, Stuttgart
Printed in Italy / Imprimé en Italie

Blüte

strahlig-symmetrisch, flach ausgebreitet

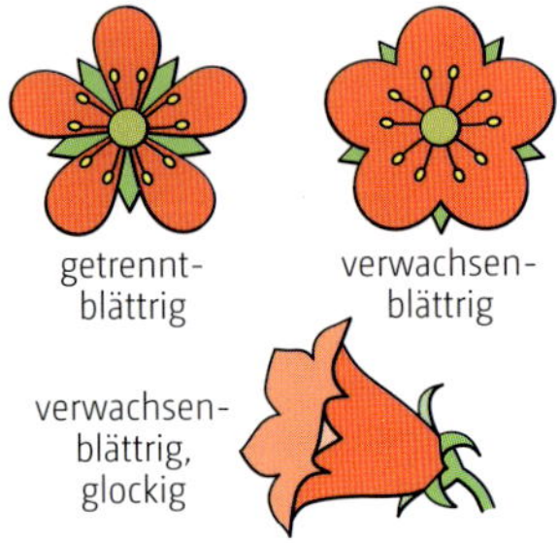

zweiseitig-symmetrisch, z. B.

Schmetterlingsblüte

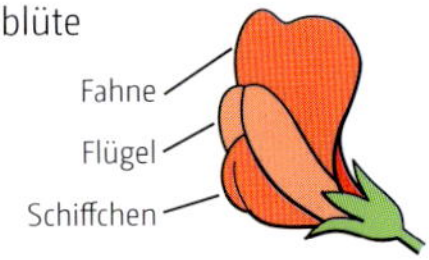

Lippenblüte

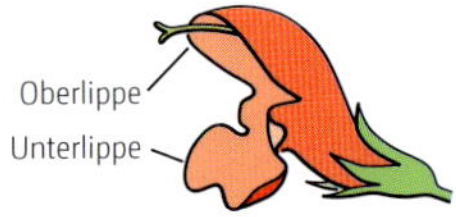

Orchideenblüte

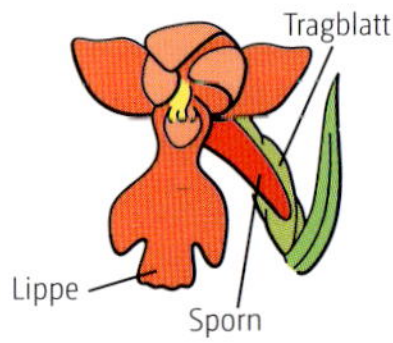

Körbchenblüten

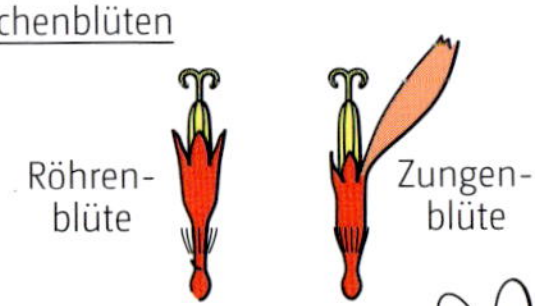

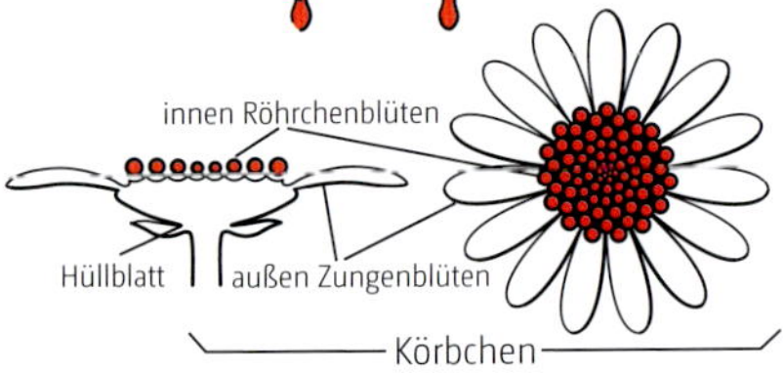

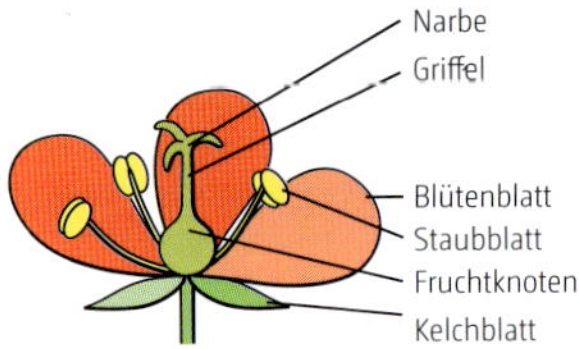

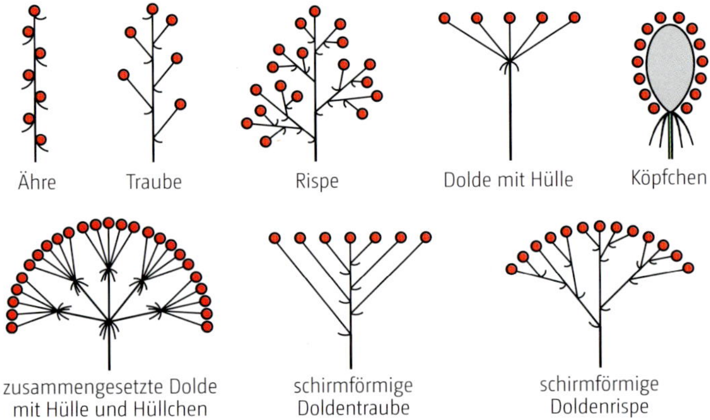

Blattspreite

Blattrand

Blattstellung

Hat jemand den
Apollofalter gesehen?